原発を廃炉に!

九州原発差止め訴訟

❖編著……原発なくそう! 九州玄海訴訟弁護団
原発なくそう! 九州川内訴訟弁護団(準)

花伝社

福島第一原発から漏れた放射能の広がり
Radiation contour map
of the Fukushima Daiichi accident

2011年3月に地表に落ちた放射性物質がそのままの状態で保存されている場所の放射線量で色分けしました。芝生など草地で現在計測される数値です。この数値は3年で半分になります。

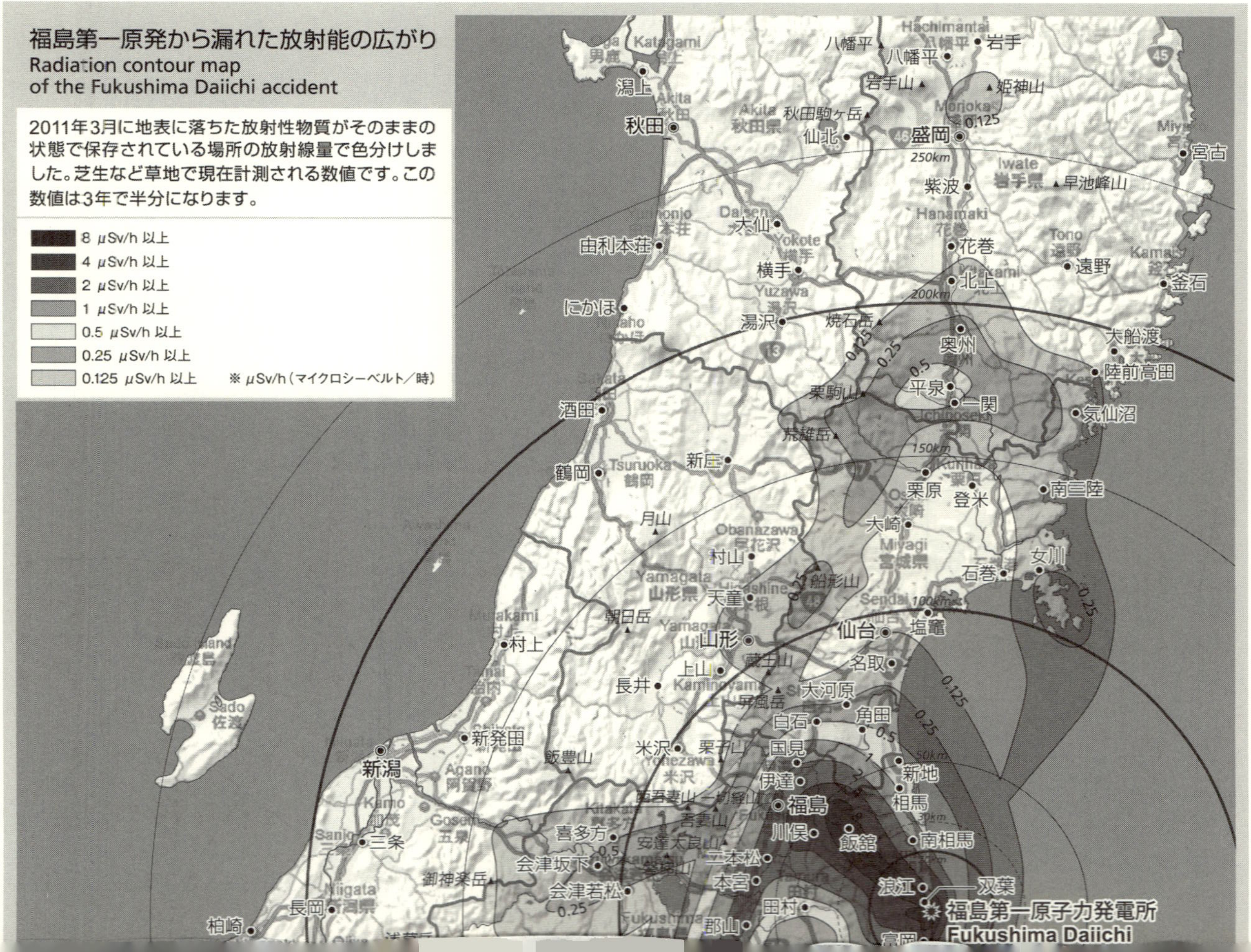

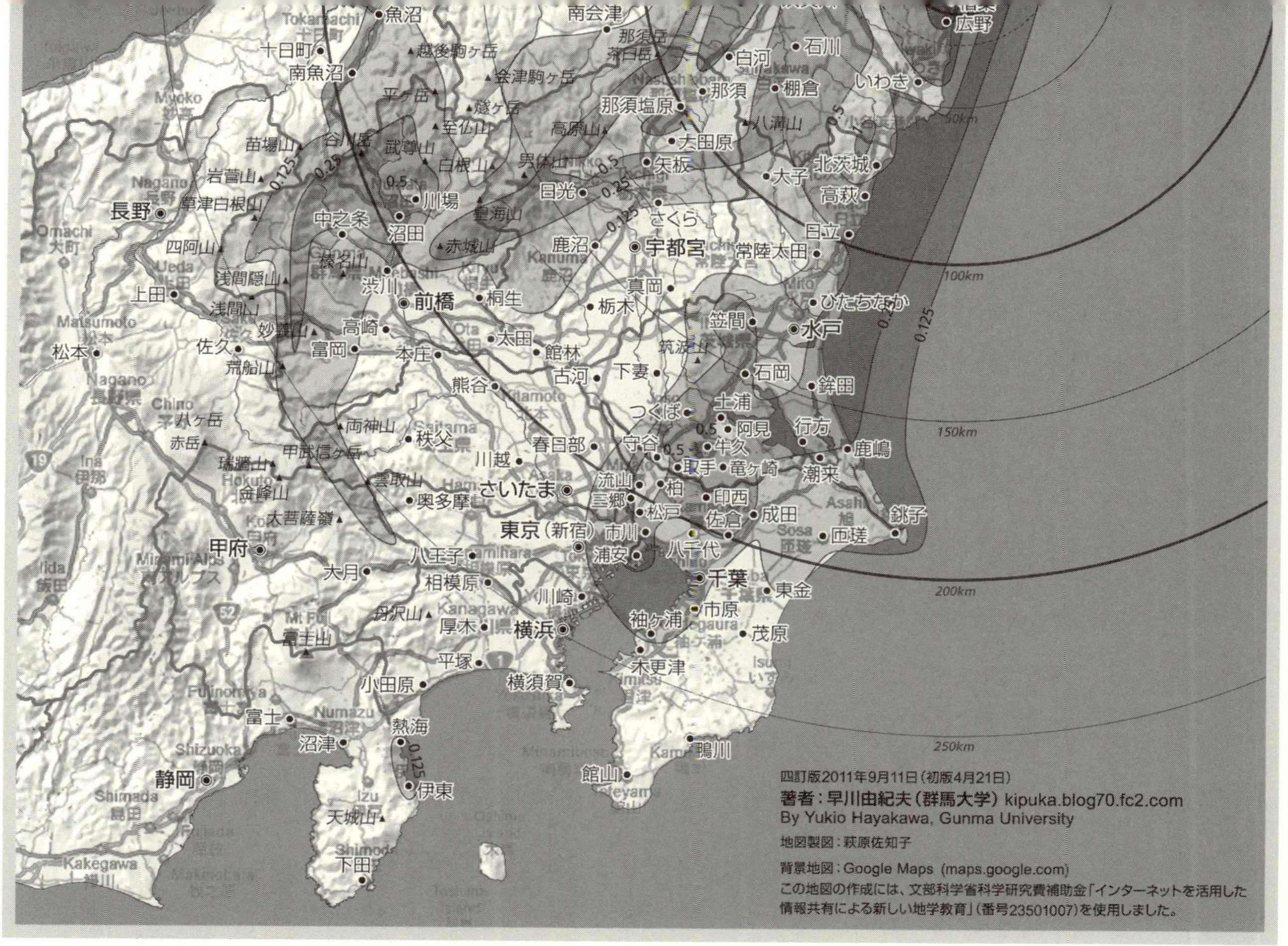

著者：早川由紀夫（群馬大学） 地図製図：萩原佐知子
背景地図：Google Maps (maps.google.com)
背景地図：電子国土ポータル (portal.cyberjapan.jp)

目次

写真提供 表紙・毎日新聞社 扉・大畑靖夫

まえがき――「原発なくそう！九州訴訟」を合言葉に万人の一歩を踏み出しましょう

二〇一一年三月一一日の東日本大震災は、わが国のみならず全世界の人々に、自然のすさまじい破壊力を思い知らせました。そして、東京電力の原発事故は、半永久的ともいえる壊滅的な被害を福島県を中心とする東日本に与え、日が経つにつれ、その被害の大きさは徐々に全世界の人々に知られてきているところです。

二〇一二年一月八日、野田佳彦首相が福島県を訪ねましたが、佐藤雄平福島県知事は、明日の福島を再生させる一八歳以下の人たちの医療費の無料化と福島県内にある原子力発電所の廃炉につき理解を求めました。これはまさに、被害者こそが一番被害を知っていることを明らかにしたのです。

私たちは、多くの発電方法の中で、原子力発電は一旦事故が起こると壊滅的打撃を与えるということを、福島を中心とする多くの国民の犠牲の上に学びました。私たちは、スリーマイル島（米国）、チェルノブイリ（旧ソ連）に引き続くフクシマという、三度続いた壊滅的原発事故を体験しました。それと共に、わが国の原発から放射性物質が漏れることはないという「安全神話」が、全くの虚構であることも体験しました。

私たちは、こうした体験の上に、わが国はもちろん、全世界の原発政策を転換させ、原発を廃炉にすることが人類の知恵であることを胸に刻みました。私たちは、こうした立場から、九州佐賀・玄海を皮切りに、国と九州電力を被告にし、原発事故は個々の原発の問題ではなく、原発政策そのものの問題であることを明らかにして、その政策の転換を求める裁判を、二〇一二年一月三一日、佐賀地方裁判所に提起しました。また、鹿児島・川内《せんだい》でも裁判の準備が進められています。二〇一一年末、国はあまりにも原発被害が大きいことを前提に、東京電力の国有化を検討していることを明らかにしましたが、これは、国をも被告とする私たちの裁判の正しさを裏付けていると思います。

つきましては、この九州を中心に、万を超す多くの国民が怒涛のごとくこの裁判の原告となり、原子力発電を容認する政策を転換させていく歴史的な出発点になって、すべての国民が二度と原発事故の惨禍にあわないこと、全世界の市民が原発事故を体験しないことを強く求めるものです。

私たちの裁判は、原発に関する技術論を繰り返すものではありません。今回の福島の体験は、半永久的・壊滅的被害をもたらす原子力発電による発電方式を取ってはならないことが人類の英知であることを、私たちに明らかにしました。私たちの裁判はまさにそうした立場から行っていくものです。

最後に、この裁判を支える物心両面のご協力を、改めて全ての国民にお願い申し上げます。

二〇一二年一月

「原発なくそう！九州玄海訴訟」弁護団
共同代表　　板井　優
共同代表　　池永　満

共同代表　河西龍太郎
幹事長　東島浩幸

「原発なくそう！九州川内訴訟」弁護団（準）
共同代表　森　雅美
共同代表　板井　優
共同代表　後藤好成

I

原発なくそう！九州訴訟　訴状

玄海原発

訴状についての説明

「原発なくそう！九州玄海訴訟」弁護団事務局長　長戸和光

はじめに

この裁判における訴状は、私たちの命ともいうべき基本的な考え方を明らかにしたものです。是非とも、多くの方々がこの訴状を読まれて原告に加わって頂きたいと思っています。原告になる時の各県の連絡先はあとがきに書いていますので、宜しくお願いします。

本訴状は、「第1　はじめに」、「第2　当事者」、「第3　玄海界原子力発電所を含む原子力発電施設の危険性」、「第4　被告九州電力に対する差止め請求」、「第5　被告国に対する差止め請求」、「第6　損害賠償請求」、「第7　まとめ」の7章により構成されています。

訴状の骨格

「第1　はじめに」では、我々が今回玄海原子力発電所の操業差止め請求訴訟を九電と国に対して起こすに至った決意を述べており、「第3　玄海界原子力発電所を含む原子力発電施設の危険性」においては、主に3・11福島第一原発事故による被害を中心的かつ詳細に論じた上で、国や電力会社が作り出した原子力安全神話が崩壊し、玄海原子力発電所を含む我が国の原発について、大事故を起こす危険性を有することが明らかになったことを述べています。また、「第4　被告九州電力に対する差止め請求」、「第5　被告国に対する差止め請求」、「第6　損害賠償請求」においては、請求の趣旨第1項、同第2項、同第3項に対応する形で、それぞれの請求についての法律的な根拠について論じています。以上が本訴状の主な内容となっています。

この訴状の特徴

1　原発事故発生の危険性

これまでの原発訴訟と比べて、本訴状の内容として特徴的な点として、次の二点を挙げることができます。

一つは、原発事故発生の危険性に関して、原発の技術的な欠陥や、玄海原子力発電所固有の原発事故発生の危険性に一切触れていないことです。そもそも今回の訴訟は、福島第一原発事故を経緯に、原発の危険性を強く認識させられたことをきっかけにして、我が国の電力政策を変えさせ、我が国のすべての原発を無くすことを最終的な目的にして提起することとなったものです。ですから、我々としても、訴状においては、これまでの原発訴訟では中心的な争点になっていた、個別の原発の危険性や原発の技術上の問題点などに敢えて触れずに、福島第一原発事故によって生じた甚大な被害の内容を中心に据えて、原発の危険性を論じることにしました。

2　国を被告にしたこと

また、二つめの特徴として、被告に電力会社だけでなく国も加えていることがあげられると思います。これまでに提起された原発の運転差止め訴訟においては、すべての事件で電力会社のみが被告となっており、国を被告として訴えが起こされたことはありませんでした（行政事件訴訟法上の抗告訴訟等においては、国を被告として訴訟が提起されていますが、通常の民事事件としてはこれまでありませんでした）。「まえがき」でも書いているように、我が国の原子力政策、ひいては原発の設置や操業には国が深く関与しており、電力会社だけを相手に裁判を起こしても根本的な解決には至らないこと、我が国からすべての原発を無くすためには、原子力政策を策定・推進している国自体を訴訟の当事者とする必要があったことが、今回国をも被告に加えた主な理由となります。そして、国に対する原発操業の差止め請求の基礎とするために、国のこれまでの原子力政策、特に電力会社に対して、数多くの原発を建設させる契機となった我が国の政策や法制度について、「第5　被告国に対する差止め請求」の第1項「国の加害行為（原子力発電事業への国の取り組み）」において、詳細に論じています。

最後に

このように今回は、福島第一原発事故を踏まえ、これまでにない当事者や内容で訴状を作成しています。この訴状については、今回の裁判で我々が求める内容とその理由が記載されていることは当然のことですが、それにとどまらず、我々の決意を表明する文書であるものと考えています。

訴　状

平成二四年一月三一日

佐賀地方裁判所民事部　御中

原告ら訴訟代理人

弁護士　板井　優　印
弁護士　池永　満　印
弁護士　河西龍太郎　印
弁護士　東島浩幸　印
弁護士　長戸和光　印

当事者　別紙当事者目録のとおり

玄海原発差止め等請求事件

請求の趣旨

1　被告九州電力株式会社は、別紙物件目録記載の各原子力発電施設を操業してはならない。
2　被告国は、別紙物件目録記載の各原子力発電施設を操業させてはならない。
3　被告らは、連帯して、原告らに対し平成二三年三月一一日から原子力発電施設を操業停止するまで一月あたり各金一万円を支払え。
4　訴訟費用は被告らの負担とする。
との判決を求める。

請求の原因

第1　はじめに

これまで、電力会社及び国により、原子力発電は安全でクリーンなエネルギーであり、深刻な事故は絶対に起きないとの宣伝・広報活動がなされてきた。

その結果、国の政策上はもちろん、国民間においても、原発の安全性は疑うべからざるものとして認識されてきた（原子力安全神話）。これに対し、安全神話に騙されなかった国民は原発の安全性を問う裁判をおよそ二〇回提起してきた。そこでは、地震・津波・テロによる危険があること、冷却水の供給停止による重大事故により取り返しのつかない大惨事になること、原発作業員を過酷な状況に置くこと等が主張されてきた。しかし、裁判所においても、この安全神話の影響か、全ての事件について敗訴を続けてきた。結果として、これまで安全神話を形成した電力会社及び国が、日本では起こりえない等と散々非難していたチェリノブイリ原発事故に匹敵する、あるいはそれを超えるかもしれないほどの甚大な放射性物質の外部放出による深刻な被害を生じさせ、なおも収束していない平成二三年三月一一日発生の東日本大震災を契機に発生した東京電力福島第一原発事故（以下、「3・11事故」と言う）に行き着いてしまった。

3・11事故は、我が国の全原発五四基のうち一度に四基もの原発を制御不可能に陥らせるという世界に類例をみない事故であって、膨大な量の放射性物質が環境に放出され、現場作業員に生命を落とすかもしれない過酷な作業を強い、数えきれないほどの数の国民がこれまでに放射能に汚染された。そして放射性物質の外部流出について未だに収束のめどが付いていない。

即ち3・11事故は、深刻な事故が起きないという神話を崩壊させただけではなく、人間は放射性物質を制御できないことをも実証してしまったのである。事故後一〇か月以上経過した現在においても、放射性物質の放出が止められず、生存環境は汚染され続け、広範な地域住民が避難を余儀なくされている（被害の甚大性と事態の不可収束性）。また、放射線量からすれば当然住民を避難させるべき地域についても、放射能の危険性が非常に低く見積もられ、避難区域も狭く設定されたため放置されてしまっている。ことに、非常に放射能の悪影響を受けやすい子供・妊産婦などに対する避難措置すら十分にとられていないのが現状である。

3・11事故は、原発の安全神話が虚偽であったこと（虚偽性）を余すところなく暴き出し、被害の甚大性と事態の不可収束性が実証されてしまい、原発が人間をはじめとするあらゆる生命体と相容れない存在であることを明らかにした。ひとたび原発事故が起きれば、推進者も反対者も、老若男女も、裁判官も、生命のある限りすべての者が被害者になる。だれも勝者はいない。

そもそも、原子力発電の歴史は一九五〇年代に遡るが、半世紀以上経た現代でも、生み出された放射性物質については無害化するための処理方法が見つかっていない。すべては後世代が解決すべきこととして、負担だけが後世代に丸投げされ続けている。原発の運転は虚偽性に加え、このように無責任極まりない状態で放射性物質を生み出し続けてきたのであり、数量にして一〇〇〇トンもの放射性廃棄物が毎年生み出され続けているのである。

また、原子力発電施設の安全性は、一定の地震・津波等の事象を想定して、その想定に従った安全性しか担保されていない。しかしここ二〇年だけでも想定を超える大地震は何度も生じていることを考えると、全国の原子力発電所は、その所在地を問わず安全性が担保されていないという無責任な状態にある。

さらに、環境省は、放射線量年間一ミリシーベルト以上の放射線量が検出されている地域で除染を行うとしているが、その除染費用は莫大な額に上ることが予想される。広域除染費用には二八兆円という莫大な金額が必要との試算もなされているが、これにとどまるという保証はない。この費用もまた現時点で原発による電力の恩恵を受けていない後世の世代に負担させるという無責任な状態を生じさせてしまった。

以上のように、原発は、徹底的な虚偽性と徹底的な無責任の上に立って運転され続けてきた。その末に福島県並びに県民に壊滅的な打撃を与えた3・11事故が招来され、その被害を、福島県周辺のみならず、全国に及ぼしたのである。

この様な被害の甚大性並びに収束不可性を明らかにした3・11事故の惨状を目の当たりにした多くの国民は、原子力安全神話が完全に崩壊したことを実感し、原発の必要性自体に大きな疑問を持つに至った。

そればかりか3・11事故後、全国各地で数万人規模の集会が複数開かれ、今まさに脱原発が国民の総意になりつつある。

我々原告は、原子力発電施設の存在自体が我々の生存を脅かしていることを知るに至り、日本から原発を無くすべく、憲法が保障する我々の権利を行使しようと決意するに至った。

被告九州電力は3・11事故を受けながら、しかも九州電力独自のいわゆるヤラセ事件という固有の問題を引きずりながらも、早期に幕引きをはかり原子力発電を再開しようとしている。国もまた、運転停止中の全国各地の原発の運転再開にあたって、大臣を派遣し、安全宣言するなどさまざまな強力な支援をしている。

こと原子力発電施設の存廃については、国の関与が極めて大きく、一事業者である電力会社だけを相手にしても、原子力発電施設の存在しない安全な生活は到底実現できない。

そこで、本当に原発を無くすために、電力会社ばかりでなく、国をも被告として、原子力発電施設を操業しない（操業させない）ことを求めるのが本件訴訟である。

第2　当事者

1　原告らは、主に九州内に居住し、別紙目録記載の各原子力発電施設（以下、「本件施設」と言う）において事故が発生した場合に、その被害を被る蓋然性を有する者である。
2　被告九州電力株式会社（以下、「被告九州電力」と言う）は、発電、送電及び配電等を行う一般電気事業者であり、本件施設を所有し、施設を操業している者である。
3　被告国は、自ら策定した原子力政策に基づいて、一般事業者である被告九州電力とともに、本件施設における原子力発電を推進してきた者である。

第3　玄海原子力発電所を含む原子力発電施設の危険性

1　3・11事故以前から指摘されていた危険性の内容

日本列島は太平洋プレート、ユーラシアプレート、フィリピン海プレート、北米プレートの四つのプレートにまたがっており、世界に冠たる地震大国である。近年でも阪神・淡路大震災等の想定外とされる大地震があり、原子力発電施設そのものが大地震の直撃を受けるおれそがあること、原子力発電所は全て海岸線に沿って建設されており、仮に大地震の直撃を免れたとしても大津波により電源喪失ひいては冷却水の供給停止という事態を招く恐れがあること、さらに地震等を想定しなくともテロ攻撃の格好の標的となりうること、また原子力発電施設そのものが巨大で複雑な構造物であり人為的なミスによる重大事故の危険が常に存在すること、さらに施設老朽化による安全性の低下の危険が指摘されてきた。

こうした明白な危険性にもかかわらず、原子力発電所は次々と設置されていき、現在では日本列島に五四基の原子力発電所が設置されている。ここでは危険性は軽視、あるいは無視されてしまったのである。

次に述べる原子力安全神話こそが、この危険性を軽視あるいは無視させるに至らしめたものである。

2　原子力安全神話の構築

3・11事故発生前、我が国においては、「日本の原発では多重防護がなされているので、放射能の大量環境放出等の重大事故は絶対に起こらない」という説明が電力会社や国によりなされ、原子力発電は絶対に安全であるとされていた（以下、「原子力安全神話」と言う）。

その根拠となっていたのが、多重防護という思想である。これについて、3・11事故発生前には、同事故の当事者である東京電力株式会社は、以下のような説明を行っていた。

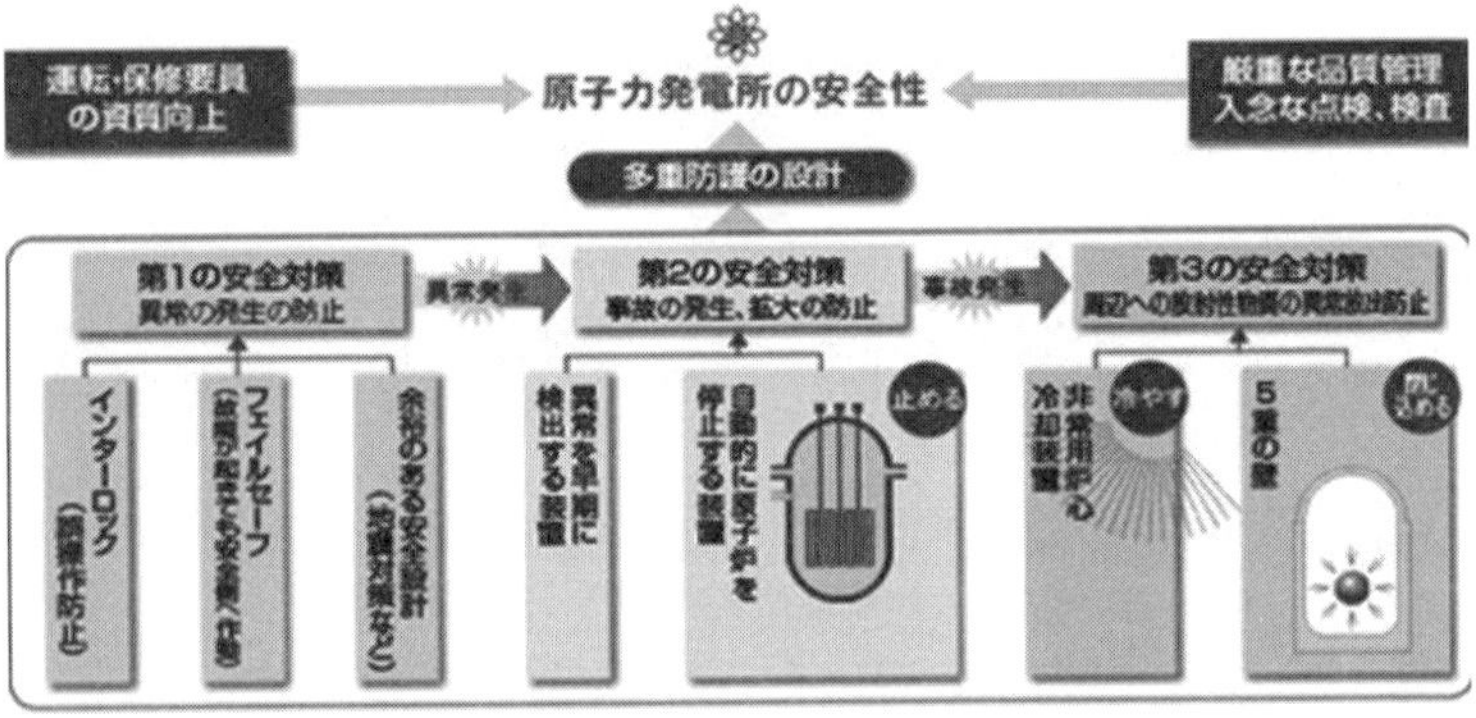
運転・保修要員
の資質向上
原子力発電所の安全性
厳重な品質管理
入念な点検、検査
多重防護の設計
第1の安全対策
異常の発生の防止
異常発生
第2の安全対策
事故の発生、拡大の防止
事故発生
第3の安全対策
インターロック
（誤操作防止）
フェイルセーフ
余裕のある安全設計
異常を早期に
検出する装置
自動的に原子炉を
停止する装置
非常用炉心
冷却装置
5重の壁

図1

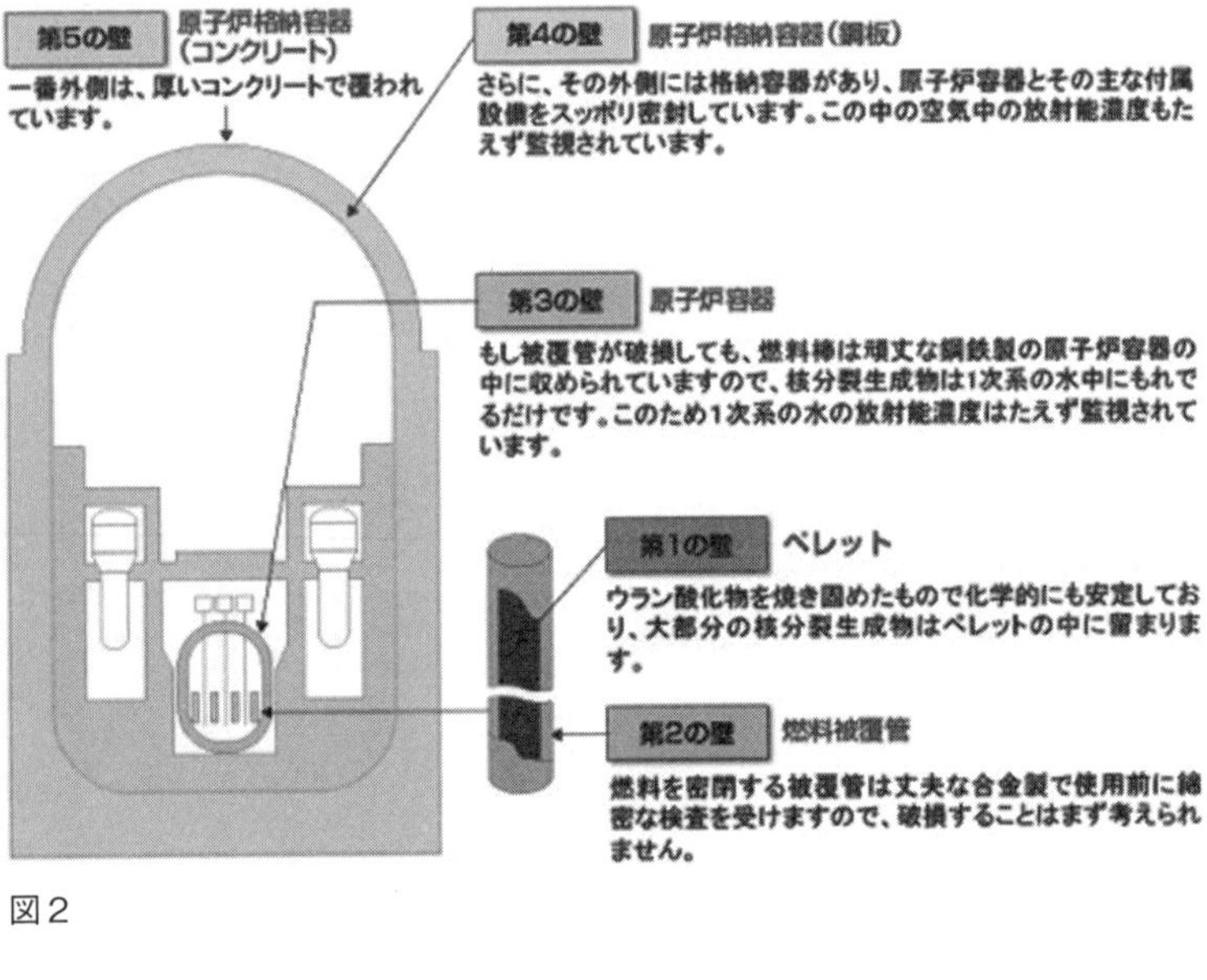
第5の壁
原子炉格納容器
（コンクリート）
一番外側は、厚いコンクリートで覆われています。
第4の壁
原子炉格納容器（鋼板）
さらに、その外側には格納容器があり、原子炉容器とその主な付属設備をスッポリ密封しています。この中の空気中の放射能濃度もたえず監視されています。
第3の壁
原子炉容器
もし被覆管が破損しても、燃料棒は頑丈な鋼鉄製の原子炉容器の中に収められていますので、核分裂生成物は1次系の水中にもれでるだけです。このため1次系の水の放射能濃度はたえず監視されています。
第1の壁
ペレット
ウラン酸化物を焼き固めたもので化学的にも安定しており、大部分の核分裂生成物はペレットの中に留まります。
第2の壁
燃料被覆管
燃料を密閉する被覆管は丈夫な合金製で使用前に綿密な検査を受けますので、破損することはまず考えられません。

図2

原子力発電所の安全対策は「多重防護」を基本に考えられており、「異常発生の防止」「異常拡大の防止」「放射性物質の異常放出の防止」の三段階の安全対策を講じています（図1）。

放射性物質の異常放出を防止するための対策

1．非常用炉心冷却装置（ECCS）：原子力発電所では一次冷却系主配管の瞬間的破断により原子炉の水がなくなるという事故などを想定し、非常用炉心冷却装置や原子炉格納容器が設けられています。まさかの事故の場合でも、燃料を水づけにして冷却するとともに、格納容器スプレー系によって、格納容器内に漏れた蒸気を冷却、凝縮させて格納容器内の圧力を下げ、気体状となっている放射性物質を大幅に減少させます。さらに残留している放射性物質は、非常用フィルターをとおして低減させるようにしています（ECCS：Emergency Core Cooling System）。

2．五重の障壁：原子力発電所では環境への放射性物質の放出を極力抑制するため「五重の障壁」によって放射性物質を閉じこめています（図2）。

a　ペレット（第1の壁）

核分裂はペレットの中で起こります。核分裂によってできる核分裂生成物（放射性物質）もペレットの中にできます。ペレットはウランの酸化物という化学的に安定したものを高温で陶磁器のように焼き固めたもので、大部分の放射性物質はペレットの中に閉じ込められるようにしています。

b　被覆管（第2の壁）

さらにペレットをジルコニウム合金製の被覆管で覆います。この被覆管は気密につくられていてペレットの外部へ出てきた少量の放射性物質（希ガス）も被覆管の中に閉じ込められ、被覆管が健全であれば外には出ないようにしています。

c　原子炉圧力容器（第3の壁）

数万本ある燃料棒（一一〇万キロワットの沸騰水型原子炉の場合、約五万五〇〇〇本）のうち、何らかの原因で被覆管が破損し相当量の放射性物質が漏れた場合には、弁を閉じることにより、冷却材中に漏れた放射性物質を、燃料全体を収納している鋼鉄製の圧力容器（厚さ約一六センチメートル）とそれにつながる配管内に閉じ込め、外部へ出さないようにしています。

d　原子炉格納容器（第4の壁）

圧力容器の外側には、さらに鋼鉄製の格納容器（厚さ約三センチメートル）があり主要な原子炉機器をスッポリと包んでいます。これは原子炉で最悪の事態が発生した場合でも、原子炉から出てきた放射性物質を閉じ込めておくとともに放射能を減らし、周辺における放射線の影響を低く抑えるためのものです。

e　原子炉建屋（第5の壁）

格納容器の外側は、二次格納施設として約一～二メートルの厚いコンクリートで造られた原子炉建屋で覆い、放射性物質の閉じ込めに万全を期しています。

被告国は、原子力安全神話に依拠して、原子力発電施設の安全性を強調しつつ後記の原子力政策を推進してきた。被告九州電力も、３・11事故発生以前はもとより、現在においてもまったく同様の説明を用いて原子力発電施設の安全性を謳っている。

また、しかし次に述べるように大規模地震というたった一つの事象で冷却装置は作動せず、「五重の障壁」はもろくも崩れ去った。

３　３・11事故の内容及びそれによる被害（原子力安全神話の崩壊）

（一）事故の概要

平成二三年三月一一日午後二時四六分、宮城県牡鹿半島の東南東約一三〇キロメートルの海底約二四キロメートルを震源として、マグニチュード９・０の巨大地震が発生した（いわゆる東日本大震災）。地震動とそれに続く津波によって東京電力福島第一原子力発電所は大きな被害を受けた。一号機から三号機までの三基の原子炉がすべて冷却材喪失事故（ＬＯＣＡ）に陥り、核燃料メルトダウンさらにメルトスルーに至ったと推定されている（「五重の障壁」の崩壊）。また、停止中だった四号機でも三号機から漏出した水素ガスにより爆発が起きた。

なお、３・11事故の経過については、別紙経過表のとおりである。

(1)放射性物質の拡散状況

３・11事故によって大量の放射性物質が環境に放出された。外界に放出された放射性物質の種類は全部で三一種類と推測されている。主なものは、ヨウ素１３１、セシウム１３４、セシウム１３７、ストロンチウム９０、プルトニウム２３９である。

⑵大気への放出

大気へ放出された放射性物質の総量について、経済産業省原子力安全・保安院は、平成二三年六月六日、推計七七万テラベクレルに上ると発表した。これは、広島に投下された原爆によって放出された放射性物質の約一六八・五個分にも相当する。

写真３　３月14日11時01分　３号機の建屋が爆発

⑶海洋への放出

日本原子力研究開発機構の小林卓也研究副主幹らがまとめた試算によれば、東京電力福島第一原子力発電所の事故で、汚染水や大気中からの降下分も含めて、海に流出した放射性物質の総量は一万五〇〇〇テラベクレルにものぼる。これは、過去最悪と言われたイギリス中西部セラフィールド再処理工場からの放射性物質流出事故による年間放出量のピーク時の約三倍という膨大なものである。

⑷総放出量

東京電力による今回の原発事故で外界に放出された放射性物質は、大気中と汚染水中あわせて一〇〇万テラベクレルとも言われており、これは、国際原子力機関ＩＡＥＡと経済協力開発機構原子力機関（ＯＥＣＤ／ＮＥＡ）が共同で定める国際原子力事象評価尺度ＩＮＥＳ基準でレベル７「深刻な事故」に相当し、チェルノブイリ原発事故（一九八六年）と同レベルの事故とされている。

写真4　爆発後の東京電力福島第1原発　右から1号機～4号機

(5)現在の放出量

現在も、依然として放射性物質は環境に放出され続けている。その放出量は、事故当初よりは減少しているが、平成二三年一〇月一七日の時点で、推計一時間当たり約一億ベクレルと推計されている。

(二)　放射性物質の拡散による市民生活への影響

(1)健康被害——放射線被曝の危険性

放射線に被曝すると健康被害を及ぼすことがある。これが放射線障害である。

放射線には原子を構成している電子を吹き飛ばし、分子を切断する作用（電離作用）がある。この電離作用によって、生体細胞内のデオキシリボ核酸（ＤＮＡ）が損傷される。

このＤＮＡの損傷が修復されることなく、積み重なること等によって数年から数十年後にがんや白血病を発症させる可能性がある。確率的な影響であるから一定量がなければがんなどにならないという保証はなく、少量の被曝でも発症する可能性がある。

放射線障害には身体的影響と遺伝的影響が考えられ、前者（身体的影響）には急性障害である①急性放射線症候群、②不妊という疾患のほか、晩発性障害である③放射線白内障、④胎児への影響（奇形等）、⑤老化

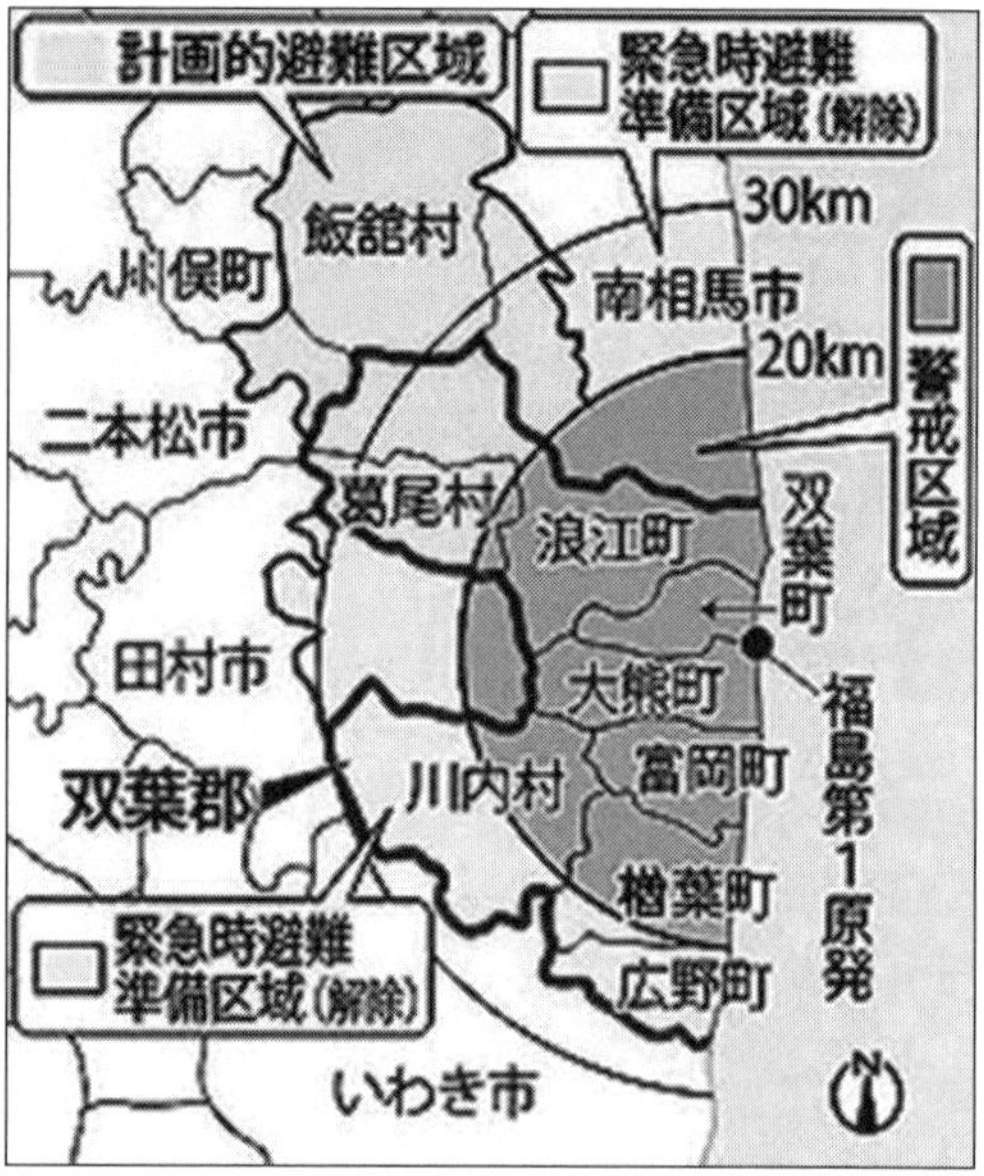

図５　平成23年11月8日15時00分毎日新聞より

現象、及び⑥悪性腫瘍（がん、白血病、悪性リンパ腫）の発症が考えられる。後者（遺伝的影響）として、⑦染色体異常にともなう重大な疾患の発症が考えられる。

　今回の原発事故では多くの住民が被曝させられた。現状では目立った健康被害は起きていないとされているが、多くの住民は健康に不安を抱きながら生活していかなければならない。チェルノブイリ原発事故でも、住民に健康被害が出始めたのは事故後四～五年してからであったことを想起すると、今回の福島での原発事故でも放射性物質による影響の実態が明らかになるのはこれからである。

(2)地域社会の崩壊

ア　国は、四月二一日、福島第一原発から半径二〇キロメートル圏内の地域を「警戒区域」に設定し、区域内への立ち入りを原則として禁止した。

　翌二二日には、各地の放射線量の測定値や放射性物質の拡散予測に基づき、福島第一原発から半径二〇キロメートル圏外の地域のうち、事故発生から一年内に積算線量が二〇ミリシーベルトに達する恐れのある区域が、一か月後までをめどに住民の避難を求める「計画的避難区域」に設定された（以下、警戒区域と計画的避難区域をあわせて「避難対象区域」という）。

これと同時に、二〇～三〇キロメートル圏内で計画的避難区域以外の区域は、緊急時に屋内退避や圏外避難ができる準備を住民に対して常に求める「緊急時避難準備区域」に設定された（平成二三年九月三〇日に同区域の設定は解除された）（図5）。

これらの各区域の総面積は、約二一〇〇平方キロメートルであり、福島県全体の一五・一パーセントもの広大な範囲に及んでいる。また、政府の避難指示などによる避難者の総数は、経済産業省の推計で約一一万三〇〇〇人にものぼるとされている（平成二三年六月一六日衆議院総務委員会、松下忠洋経済産業副大臣の発言）。

また、人の居住が認められていない計画的避難区域と警戒区域の面積は約一一〇〇平方キロメートルにも及ぶ。東京二三区を合わせた土地の面積の二倍近くもの広大な土地が無人地帯へと変貌してしまったのである。

東日本大震災に伴う津波の浸水範囲の面積が約五六一平方キロメートルであり、上記の計画的避難区域と警戒区域の面積は、津波で浸水した区域の面積の約二倍にも上る。今回の東日本大震災では津波による被害が大きく取り上げられているが、その津波により被害を被ったよりも広範囲の地域が、3・11事故によって人の住めない地域に変貌してしまったのである。

イ　これらの区域では、今まで営まれていた人々の生活が根底から破壊されてしまった。

上述のように、避難した人の数は一一万三〇〇〇人以上に上っている。また、警戒区域、計画的避難区域には、約八〇〇〇もの企業・個人事業者が存在し、約六万人が働いていた。少なくともこれらの人々が3・11事故によって仕事を失ったことになる。

医療機関も、二〇キロメートル圏内の医療機関は診療を停止している。また、二〇〜三〇キロメートル圏域の医療機関でも入院停止や外来停止としている医療機関が存在している。これに伴い、当該医療機関で診療を受けていた患者が医師の診察を受けにくくなり、症状の重症化のおそれが指摘されている。

さらに、警戒区域・計画的避難区域には約一〇〇の学校等が存在し、約二万人の児童生徒がいた。しかし、これらの生徒等は避難先の学校に転学等するか、区域外の学校に通学せざるを得ない状況となっている。

人々は、住む家も仕事も奪われ、医療機関も学校も閉鎖され、地域全体が完全に機能麻痺の状態に陥っている。

ウ　文化・伝統への影響

さらに一〇〇〇年の歴史を誇る重要無形文化財「相馬野馬追」のメインの催しが中止となったように、原発事故による文化・伝統への影響も決して見過ごすことはできない。

まず、こうした文化・伝統の担い手である住民が全国にばらばらに避難している状況がある。しかも、いつ「ふるさと」にもどることができるのか全く見通しが立っていない。また、文化・伝統の保護・保存について責務を負うべき地方自治体自体も、3・11事故により外部地域へ機能移転しており、住民とのつながりが保てない状態である。避難生活の長期化は文化・伝統への看過できない影響をもたらすものと考えられる。

エ　避難対象区域以外にも放射性物質は広く拡散してしまった。セシウム１３７の土壌への蓄積量が一平方メートルあたり三万ベクレルを超える土地の面積は、福島、宮城、栃木、茨城の四県で合計八〇〇〇平方キロメートル以上である。

平成二三年四月二六日に、政府と東京電力の事故対策統合本部が発表した、事故後一年間の推定積算放射線量のマップによれば、原発から三〇キロメートル以上離れた場所でも年間の積算被曝放射線量が一〇ミリシーベルトを超える地域が存在し、相当量の放射線被曝が避けられない状態になっている。

こうした地域では、高い放射線量に不安を覚え実際に避難を決意した人がいる一方で、避難したくても様々な要因から避難できない人もいる。また、国や自治体の方針を信じ、大丈夫だと思っている人もいれば、不安を覚えながらもここで生活していくしかないと割りきっている人もいる。さまざまな思いの人々が共同で生活する中で、住民同士の軋轢も生じている。

福島で「不安だ」とか、「放射能が怖い」という風に言うと、周りの人から「何言っているんだ」と非難されるようです。福島を出る余裕がある人は出て行ってしまって、心配なんだけど残っている人は少数派になります。「大丈夫だ」と言う人に囲まれて、物が言いにくくなっている現状があるんだと思うんです。（「木村雄一さん講演録」から）

三春町の元喫茶店主の武藤類子さんは、郡山市の学校職員のKさんについて、次のような話をした。

「休暇届を出して『私は子供を避難させます』って言ったんだそうです。そうしたら周りの人たちが、『お前本当に逃げるのか』って、玄関まで追いかけてきて『この卑怯者』みたいな罵声を浴びせて……。結局Kさんは振り返らずにそのまま行っちゃったんだけど」

こういった非難は学校職員だけにとどまらないという。

「民生委員なのに逃げたとか、お年寄りが逃げれば『何歳まで生きるつもりか』って。怒った人たちだって、逃げたかったのかもしれないけど、避難すると、非難の的になるんです……」

住民同士が仲が悪くなったり、分断されたり、家族の中でもお年寄りは逃げなくて若い人だけ逃げたり、夫婦間でも意見が違ったりと、亀裂が多く生まれている。（広河隆一『福島　原発と人びと』から）

これらのエピソードは、放射性物質が単に健康を蝕むだけのものではなく、原発事故が、人と人のつながりをも絶ち切ってしまうものであることを直截に物語るものである。

(3) 産業への影響

ア　まず、一次産業への影響であるが、牛・豚等の家畜は3・11事故後放置されたままとなっている。福島県によると、警戒区域内の家畜は3・11事故前の平成二二年八月の時点で、牛約三五〇〇頭、豚約三万頭、鶏約四四万羽である。福島県による殺処分も行われたがほとんどは餓死したものと考えら

写真６　「何頭もの牛が首を固定されたまま餓死し横たわってい た。乳牛は餌を与えられる時には首を固定されるのだそうだ。そのままの状態で人は避難し、身動きとれないまま死んでいった牛たち。彼らの亡骸があまりに無残であり、その表情から無念さが伝わってきた。」（野口健氏）（http://blog.livedoor.jp/fuji8776/archives/52166029.html）

れる。

海洋汚染による水産業への影響も極めて深刻である。福島県では3・11事故発生から年末にかけて県内漁船は全面操業自粛しており、漁業収入の道を断たれている。

福島県の他にも、茨城県では、平成二三年四月五日に茨城沖で漁獲したコウナゴから暫定規制値を超える放射性物質が検出されたことから、コウナゴ漁の操業を自粛した。また、コウナゴ以外の魚介類についても操業の自粛や市場への水揚げ拒否、出漁見合わせ等により漁業収入が大幅に減少している。

福島第一原発前の海域は、福島県のみならず、カツオやビンチョウを求めて、鹿児島県、宮崎県、高知県、三重県等の一本釣り漁船が操業し、全国のサンマ漁船が操業するなど、全国屈指の漁場であったことから、全国的にも漁業への大きな影響・被害が生じる。

また、平成二三年一一月になって福島県産米から国の暫定基準値（一キログラム当たり五〇〇ベクレル）を超す最高一〇五〇ベクレルの放射性セシウムが検出され、出荷停

写真７

写真８　「檻の中へと目線を移すとそこは豚の死骸の山。顔面がウジだらけの豚や肉の間から肋骨などの骨が露出している豚の遺体が。多くの豚は餓死していたが、それでも生き延びている豚たちもいた。３カ月間、水も食糧も与えられずにそれでも生存してきたのは、豚が豚の死骸を食べていたからだ。糞尿にまみれ、また腐敗しドロドロになったウジだらけの死骸を食べている豚の姿に、吐き気に襲われ豚舎から出て胃液を吐きだしていた。腐敗臭が身体に染みつき臭いが離れようとしない。ここはまるで戦場だ。生き延びている豚たちがジッと我々を見つめてくる。言葉は発しないが、しかし彼らの寂しげな眼差しが「助けてほしい」と私たちに訴えかけているようだった。彼らが餓死するまで放置される。死を迎えるその瞬間までまさに生き地獄。なんとかならないものかと、ただただ呆然とし、言葉を失っていた。」（写真・説明とも登山家野口健氏）（http://blog.livedoor.jp/fuji8776/archives/52166029.html）

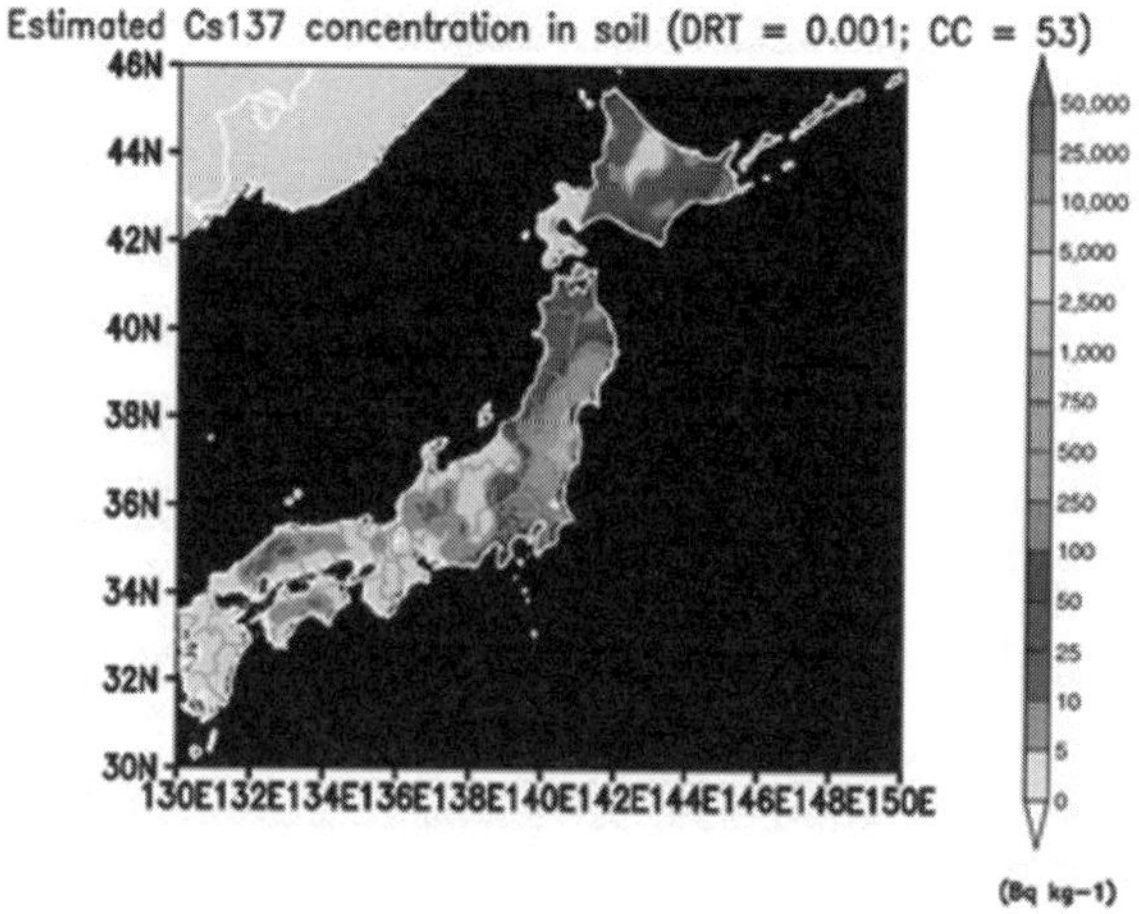

図９

止に追い込まれる事態が生じた。その他の農作物も多品目にわたって暫定規制値を超える放射性物質が検出されている。

イ　次に、第二次産業もさまざまな影響を受けている。たとえば、板金機械製造のトルンプ日本法人（横浜市）は、ドイツ本社の意向で福島市の福島工場を八月で一時閉鎖した。食品トレー製造の中央化学（埼玉県鴻巣市）も風評被害を理由に田村市の東北工場の操業を休止し、生産機能を埼玉、茨城、岡山県などの工場にシフトした。３・11事故による労働力不足で生産拠点の主力を移したのは衣料製造販売のエスポアール（福島県田村市）であり、本社工場を縮小し、市内の系列二工場を閉鎖して、平成二三年五月に新潟県阿賀野市に新工場を開設した。

ウ　さらに、サービス業とりわけ観光業への打撃も深刻である。日本は放射能に汚染されているとの風評から訪日外国人観光客が激減している。日本政府観光局の発表では四月から九月までの上半期の外国人観光客は前年同期比で約四割の減少となっている。

⑷福島以外・避難対象区域以外への被害の広がり

放射能物質による汚染は当然に同県内ないし避難対象地域内にとどまるものではない。東京の水道水や、静岡のお茶から放射性セシウムが検出されたように、福島第一原発から放出された放射性物質は、風に乗って広く拡散している。

名古屋大学などの国際研究チームのまとめでは、放射性セシウムの沈着は九州・沖縄以外のほぼ日本全域に広がっていることが指摘されている（図9）。

九州・沖縄も放射性物質と無縁ではいられない。放射性物質は、汚染された製品が経済活動により流通することでも拡散している。たとえば、放射性セシウムに汚染された腐葉土が、3・11事故以降二二都府県で一三万袋販売されていたとの報道があったほか、放射性セシウムに汚染された疑いのある肉用牛が解体・出荷されていたことが判明している。肉用牛については、一三〇〇頭超が、四五都道府県というようにほぼ日本中に出荷・流通されている状況である。

また地域的に特に放射線量の高い地域（いわゆるホットスポット）は福島県を除いて北海道東部、東京都葛飾区、江戸川区、奥多摩、岩手県一関市の周辺、宮城県の北部と南部、茨城県北茨城周辺、守谷市、取手市、土浦市、阿見町、栃木県那須塩原市、日光市の周辺、千葉県柏市、松戸市、流山市、我孫子市、印西市の周辺、埼玉県の三郷市、吉川市、秩父市、八潮市の周辺、群馬県の北部と西部、新潟県の魚沼市、長野県の軽井沢、佐久市に存在する。

さらに、放射性物質の拡散は日本国内にとどまらない。風に乗って拡散した放射性物質がアメリカやヨーロッパ諸国にまで到達している。また、海洋汚染についてはまだ全容は明らかになっていないが、福島第一原発の近海等の海底に放射性物質が沈殿定着していることが確認されており、今後の漁業被害が長期化することが予想される。

⑸事態収束の目処は立っていない

ア　まず、放射性物質の放出がとまるという事故そのものの収束の目処も立っていない。この点、政府は平成二三年一二月一六日冷温停止状態にあり事故の収束に至ったと判断されるとした。しかし、政府は核燃料の所在・状況すら正確に把握していない。同年一一月には半減期が数時間のキセノンが検出されたばかりであり、放射性物質の外部放出は止まっていない。汚染水を循環させて冷却することで、辛うじて原子炉の安定を保っているのが現状であり、事故の収束にはほど遠いと言わざるを得ない。

イ　また、原発からの放射性物質の放出が止まり、原発が廃炉になったとしても、すぐに元通りの生活が送れるようになるというわけではない。元通りの生活を安心しておくるためには、そこに住んでも放射能に汚染されることがないという状況が必要であり、そのためには完全な除染が不可欠である。しかし、この除染についても課題は山積みである。

まず膨大な作業とコストかかる。３・11事故で放射性物質に汚染され、除去が必要となる土壌の量と面積について、環境省が同年九月二四日に明らかにした試算値によれば、年間五ミリシーベルト以上のすべての地域を除染対象地域とすると、東京ドーム二三杯分に相当する約二八〇〇万立方メートル、面積は福島県の約一三パーセントに及ぶという。

そして、環境省によれば、３・11事故による放射性物質の除染や汚染がれきの処理で、少なくとも一兆数千億円の経費がかかるとされている。しかも、ここには除染後に発生する汚染土壌や汚染廃棄物の中間貯蔵施設整備費、高濃度汚染地域の対策費用は含まれていない。したがって今後さらに数兆円かかる可能性があるという。

さらに、細野豪志環境相・原発事故担当相が除染対象地域を追加被曝線量年間五ミリシーベルト以上から一ミリシーベルト以上に引き下げると発表した。そのため、除染作業で出てくる汚染土も当初の試算の二倍、五六〇〇万立方メートルに膨らむ。これは東京ドーム約四五杯分に相当するという。この汚染土を長期保管する中間貯蔵施設の建設・維持費も含めると、除染費用は数十兆円に膨らむとの指摘もある。

次に、除染作業をおこなって本当に放射線量が下がるのか、効果に疑問も生じている。福島市は、渡利地区における放射能除染事業の結果を公表している。通学路などでは除染作業を実施しても、二割から三割程度しか放射線量が低下していない。また、民家の除染に関しても、雨樋については放射線量が八割近く低下しているが、玄関、庭、室内では一割~二割程度にとどまっている。

そして、除染作業として放射性物質を洗浄液で洗い流したとしても、放射性物質はいずれ海へ流れ付き、海洋を汚染することとなる。結局汚染場所が変わるだけで根本的な解決にはいたらない。

(三) 小括——原発事故被害の特質

以上、福島原発事故の被害状況を見てきた。そこからわかったことを挙げていくと次のとおりである。

まず、被害が広範囲に及びかつ極めて深刻ということである。たった一回事故が起こるだけで約一〇〇〇平方キロメートルに及ぶ区域において人が住むことができなくなり、住民は家も仕事も捨てて避難を余儀なくされる。あまりにも被害の及ぶ範囲が広いため、国は便宜的な線引きをして救済範囲を確定し、被害を狭くかつ低く評価しがちである。そのため構造的にすべての国民を放射能汚染から守ることはできないのである。

次に、被害が長期化するということである。福島でも、チェルノブイリと同様に、避難対象区域は今後数十年にわたって人の立ち入ることのできない場所となることが予想される。また、これを除染しようとしても限界がある。そこでは地域社会が崩壊し、伝統文化が破壊され、郷土の歴史が断絶する。

また、被害の実態が見えにくいということである。放射線は眼に見えないし、被曝しても痛み等も感じない。自分が危険に晒されているのかどうかすら知ることが困難である。健康被害も遠い将来生じるかもしれないという確率的なものである。将来、がん等を発症しても放射線被曝との関連性が見えにくいことから、事後的救済を受けられない可能性もある。

このように原子力発電施設で深刻な事故が発生すれば、原発立地県のみならず、日本中、世界中を巻き込んだ未曾有の大災害へとつながることが明らかになった。こうした悲惨な事故は二度と繰り返してはならない。

4　放射性廃棄物の現状

事故発生時の被害の甚大さに加え、原子力発電所では、未だに処理方法がまったく確定していない放射性廃棄物を、その運転を続けることによって新たに生成し続けている。

これら放射性物質は非常に高い放射能を持つため、その放射能が人間及び環境にとって安全なレベルとなるまで、例えば、プルトニウム２３９については、その半減期は二万四〇〇〇年（一〇〇〇分の一のレベルになるには二四万年かかる）であるから、気の遠くなるような長期間、人間の生活環境から完全に隔離して保管する必要がある。そして、その隔離が実現しない以上は、常に放射能漏れの危険性も存するのである。

現在も、これら高レベル放射性廃棄物質は、各原子力発電施設の存する発電所内の使用済み燃料貯蔵プールで保管されており、いまだ最終的な保管方法については具体的にまったく定まっていないこと。すなわち、実際に、例えば大地震等の大きな天災やテロに巻き込まれた場合等には、それら放射性廃棄物からの放射能漏れを起こす危険性が極めて高いものである。

この点も、原子力発電施設の高度の危険性を示しているものと評価できる。

5　まとめ

以上のとおり、原子力発電は、事故が発生した場合の被害や、その作り出す核廃棄物について見るに、人類の存亡にすら悪影響を与えかねない極めて危険なものである。

国及び電力会社は、放射能の外部放出事故は起こり得ないとの原子力安全神話を作出し、これに基づいて原子力発電事業を推進してきたものであるが、３・11事故により、原発は生命体にとって危険極まりない存在であることばかりか、その説明によれば起こらないはずであった放射性物質を外部に排出するような事故が、実際に起こり得ることが証明された。さらに、一旦起きてしまった事故について、国及び電力会社はこれを有効に収束させる方法を持っていないこともまた証明されたものである。

このように、3・11事故により、原子力安全神話は虚偽であったことは白日のものとなり、かつ、上記の放射性廃棄物の危険性も含め、国及び電力会社の原子力発電についての無責任な体質をも明らかにされた。

日本の原子力発電施設ほど危険な存在はなく、原子力発電施設は、冷却水の供給が停止しただけで、大事故を引き起こす危険な存在であることも明らかなった。しかも、日本は世界に冠たる地震大国であり、今回たまたま東北沖で地震が起きたことから、3・11事故につながったにすぎないのである。同様の事故の発生する危険性は、日本国内に設置されたすべての原子力発電施設について存在するのであって、玄海原子力発電所の危険性も3・11事故により明白になったのものといえる。

第4　被告九州電力に対する差止め請求

1　被告九州電力の加害行為

これまで論じてきたように、原子力発電施設は、一旦大きな事故を起こした場合、その近傍だけでなく、広範囲に亘って、取り返しのつかないような甚大な被害をもたらす極めて危険なものである。

福島第一原子力発電所は、東日本の太平洋側に位置しており、そこから放出された放射性物質は風に乗って拡散したが、偏西風等の西からの風の影響でもっぱら太平洋側、すなわち住民のいない海の方へ多く拡散している。これに対し、玄海原子力発電所は日本列島の最西端に位置しており、3・11事故と同様の大量の放射性物質を外部に排出するような事故が同発電所で起こった場合には、それによって発生した放射性物質は偏西風に乗り、その大部分は日本列島、すなわち海ではなく住民が居住する地域を直撃することになる可能性が高く、住民が避難を要する等の、事故により直接影響を受ける地域は、3・11事故とは比較にならないほど広範に亘ることは確実である。

また、このような事故の危険性と重大性に加え、原子力発電施設は、未だにその処理方法が確定していないような核廃棄物を次々に生成させており、その廃棄物自体が、大量の放射性物質を長期間に亘って外部に漏出させる性質を有している。

以上のように、原子力発電施設の存在は、少なくとも原子力発電所における大事故の影響を受け得るような地域に居住している人々が、安全かつ平和的に生存していく権利を明らかに侵害しているものである。このような状況にあるにもかかわらず、玄海原子力発電所の稼働を続けること自体が、被告九州電力の原告らに対する加害行為に他ならない。

2　被告九州電力に対する差止めの法的根拠

原子力発電所を稼働することそれ自体が、重大事故が発生した場合に人体や生命に対して極めて甚大な被害を与える可能性の高いことに照らすと、少なくとも、憲法が個人に保障している生命、身体、健康を維持し、快適な生活を営む権利、すなわち人格権（一三条）及び生存権（二五条）を侵害していることは明らかである。

よって、原告らは、人格権及び生存権に基づき、本件施設を所有・管理及び運営している被告九州電力に対して、その運転の差止めを求めるものである。そして、被告九州電力は、原子力安全神話が崩壊し原子力発電施設の危険性が明らかになった3・11事故発生以降については、当然本件施設の運転を取りやめる義務を負うに至ったものである。

第5　被告国に対する差止め請求

1　国の加害行為（原子力発電事業への国の取り組み）

(1) はじめに――原子力発電は国策として進められてきた民間事業としての原子力発電は、多くの経済的な弱点を有する経済的合理性がない事業であって、国による強力な推進政策がなければ成立・存続することができない事業である。

すなわち原子力発電は、発電開始にあたり他の発電方式よりも多額の技術開発コストや新規立地コストを要し、発電開始後も、使用済み核燃料の処理コストが必要となる。また、万が一、事故が発生した場合には莫大な損害賠償費用が必要となるなどの発電に必要な総コストが他の発電方式よりも多く必要である。加えて原子力発電は、発電所の新規立地リスク、操作ミス・自然災害・テロ攻撃などの事件・事故リスク、原子力発電自体に対する政治的・社会的な環境変化リスクなどの多種多様な高い経営リスクを抱えている。そして、3・11事故のように上記経営リスクが現実化すると、電力会社自体の存続も危ぶまれる事態となる。

このように、原子力発電は、多額のコストを要し、かつ多種多様な高い経営リスクを抱えた経済的合理性がない事業である。本来であれば、そのコストとリスクの全てを事業主体である電力会社が負担しなければならないから、自己責任原則が貫かれている自由主義経済下では、民間企業たる電力会社は上記のように経済的合理性がない原子力発電を避けるはずである。

しかし、日本では、本来、事業主体である電力会社が負担しなければならない様々なコストとリスクの大部分を、国が原子力推進政策を通じて負担してきたことから、民間事業として原子力発電が成立してきた。この点こそが、原子力発電が他の事業と全く異なる点であり、日本の原子力発電は、国が多様な原子力推進政策を実施することによって国策として行われてきたといえるのである。

そして、国策として推進されてきた原子力発電の危険性が明らかになったのが3・11事故である。

以下では、3・11事故へと繋がる国による具体的な原子力推進政策を挙げる。

(2)国による積極的な原子力推進政策

ア　国が原子力発電を積極的に導入した

国は、一九五〇年代から原子力発電を積極的に推進し、受け入れ主体の役割を果たした。

原子力発電導入の背景事情として、一九五〇年代半ばの日本は、経済成長に伴う急激な電力需要の増加に対応する必要があった。国はその対策として、原子力発電が少量の核燃料で多量のエネルギーを発生でき、技術進展に伴いより安価にエネルギー供給を達成できる見込みのあることを挙げて、原子力開発・利用の必要性を説いた。

昭和三一年、国は原子力三法（原子力基本法、原子力委員会設置法、総理府設置法の一部を改正す

る法律）を成立させ、日本原子力研究所などの政府機関を通じて、原子力の研究開発をスタートさせた。

同年に発足した原子力委員会は、国の原子力政策を企画・決定する最高意思決定機関であり、その決定を、内閣総理大臣は尊重しなければならないと法律上明記されていた（施行当時の原子力委員会設置法二及び三条）。そして、原子力委員会が数年ごとに改定し、これまで一〇回にわたり策定されてきた「原子力開発利用長期計画（現在は原子力政策大綱）」が、日本における原子力開発利用に関する国家計画の中心を成してきた。昭和三六年に策定された同長期計画では、国が直接資金を投入して原子力研究開発を行うとともに、民間企業による原子力研究開発に対する優遇措置や低金利融資を実行して原子力開発を推進すべきことが明記されていた。

国による原子力推進体制の整備と並行して、技術開発と実用化も国が中心的な役割を果たした。

昭和三八年一〇月二六日、政府系研究機関である日本原子力研究所の動力試験炉で原子力発電に成功した。そして、昭和四一年七月二五日には、半官半民の国策会社である日本原子力発電株式会社の東海原子力発電所が営業運転を開始して原子力の商業利用に成功した。

このように、日本における原子力の商業利用の成功の裏では、国が受け入れ主体として中心的な役割を演じていたのであり、まさに国が導入コストを負担して国策として原子力発電がスタートした。

イ　国が立地支援政策を行い原発立地を進めたこと

一九六〇年代初頭に立地が決定した福島第一原発、敦賀原発及び美浜原発は、福島県及び福井県の熱心な誘致運動が展開されてスムーズに原発立地が進んだ。

ところが、一九六〇年代半ばころ、四大公害訴訟が相次いで提起されるなど公害問題が社会問題として浮上し、発電所の立地が困難となった。原子力発電所の立地計画についても例外ではなく、昭和三八年に計画が浮上した中部電力による三重県芦浜原発建設の新規立地計画が、地元漁民の強力な反対運動等によって暗礁に乗り上げた。この芦浜原発反対運動の後、女川、巻、柏崎、伊方などの新規の原発立地計画に対して、地元住民を中心とする激しい反対運動が展開されるようになった。

一方、昭和四八年には第一次オイルショックが発生し、これを機に国は石油代替エネルギーとして原子力発電をより一層支援する必要性に迫られた。

昭和四九年、国は原子力発電所立地地域に開発利益の一部を積極的に還元して、原子力発電所の建設を軌道に乗せることを目的として、電源開発促進税法、電源開発促進対策特別会計法及び発電用施設周辺地域整備法（いわゆる電源三法）を成立させた。

電源三法は、原子力発電所の建設を強力に後押し、日本では一九八〇年代以降、新たに三六基の原子炉の営業運転が実現した。

ウ　国が電力会社の利益を保証している

原子力発電は、研究開発コスト・立地建設コスト・使用済み燃料処理コスト等が他の発電方式よりも多く必要な、高コストな発電方式である。

通常の民間事業であれば、市場競争に打ち勝ち、より多くの利潤を確保する必要性に迫られるため、高コストな事業は忌避されるか、淘汰される運命にある。ところが、電力業界は、国から総括原価方式と地域独占体制を通じて保護を受けていたので、コストや市場競争を心配することなく、国の推進する高コストな原子力発電を行うことが可能な状況が生まれた。

コスト面から指摘すると、日本の電気料金は総括原価方式という、電力会社が常に利益を確保できる仕組みとなっている。すなわち電気料金は、法律により「能率的な経営の下における適正な原価に適正な利潤を加えたもの」（電気事業法一九条二項一号）とされ、発電・送電・電力販売にかかわるすべての費用を「総括原価」としてコストに反映させ、さらにその上に一定の報酬率を上乗せした金額とされてきた。

この総括原価方式では、電力会社は、会社経営上生じるすべての費用をコストに転嫁することができるうえに、一定の利益率まで保証されており、決して赤字にならない。

加えて、日本では、昭和二六年に九電力体制が発足して以降、地域独占が認められてきた。このため、市場原理が働かない日本の電力料金は世界有数の高さといわれ、平成七年から段階的に電力自由化が進んでいるものの、依然として九電力会社はほぼ地域独占体制を維持している。

このように国は、総括原価方式によって利潤を保証し、市場競争も地域独占体制によって排除して企業の安定的地位を保証するという過剰な電力業界保護政策を行うことによって、電力会社の運営による原子力発電を国策として推進してきたのである。

エ　国は核燃料サイクル政策を積極的に推進した

日本は、保有する天然資源の量が限られておりエネルギー自給率が低い。

国は、原子力発電を、燃料となるウランのエネルギー密度が高く備蓄が容易であること、使用済燃料を再処理することで資源燃料として再利用できること等から、資源依存度が低い「準国産エネルギー」と位置付けて積極的に推進してきた。

そのため国は、天然ウラン資源を確保し、核燃料として加工・使用した後、使用済燃料を再処理して回収されるウランやプルトニウムを有効利用するという核燃料サイクル政策を積極的に推進してきた。

オ　国は放射性廃棄物を引き受けている

企業の生産活動に伴って生じた廃棄物は、その企業が責任を持って処分するのが原則である（廃棄物処理法三条一項）。

ところが、原子力発電では、電力会社が放射性廃棄物を処理するのではなく、法律に基づき設置された原子力発電環境整備機構（ＮＵＭＯ）が処分主体として、経済産業大臣の承認を受けながら放射性廃棄物の処理にあたる（以上、特定放射性廃棄物の最終処分に関する法律）。

その理由としては、放射性廃棄物が数万年単位で放射線を発生させ、かつ未だにその有効な処理方法が確立していないことなどが考えられる。

いずれにしても、国が、正確なコストの把握が困難な放射性廃棄物処理問題を、廃棄物処理の原則に反してまで引き受けて原子力発電のコストを引き受けていることは明らかである。

カ　国が原子力関連技術の研究・開発を推進している

先述したように日本の原子力開発の導入期は、政府系研究機関が担ってきた。現在においても政府系の研究機関の果たす役割は大きく、日本原子力研究開発機構だけで、一七九〇億円（平成二二年度予算）もの国家予算が投入されており、国策として原子力発電を推進している。

キ　国が原子力平和利用及び核不拡散コストを負担している

原子力エネルギーは、軍事目的への転用の可能性や一国の事故が周辺諸国にも大きな影響を与え得るという特性を有している。

そのため、昭和三二年、国際社会は、原子力の平和的利用を促進するとともに、原子力が平和的利用から軍事的利用に転用されることを防止することを目的としてＩＡＥＡ（国際原子力機関）を設立した。その後、昭和四五年に日本はＮＰＴ（核兵器不拡散条約）を批准し、非核兵器保有国として核物質の核兵器への転用がないことを保障するため、ＩＡＥＡの査察を受け入れている。特に、使用済み核燃料からプルトニウムを取り出している青森県六ヶ所村の再処理工場では、国およびＩＡＥＡの査察官が、常時、操業を監視している。

また、いわゆる9・11米国同時多発テロ以降は、国際的に核テロ対策への関心も高まっており、原子力発電を行う国は、国際的な信頼性と透明性の確保の観点から、核セキュリティ確保のためにコストを負担する必要がある。

日本でも、核物質の盗難、原子力施設へ攻撃などの核テロ対策として、警察や海上保安庁の特殊部隊による施設等の警備が強化されている。

本来であれば、上記のようなコストは、原子力発電所を操業している電力会社が負担すべきであるが、国がこれを負担して国策として原子力発電を推進している。

ク　国が損害賠償リスクを引き受けている

事故に伴う被害者への損害賠償制度にも国は積極的に関与している。

昭和三六年、国は原子力損害の賠償に関する法律（以下「原子力損害賠償法」という）を制定した。同法は「この法律は、原子炉の運転等により原子力損害が生じた場合における損害賠償に関する基本的制度を定め、もつて被害者の保護を図り、及び原子力事業の健全な発達に資することを目的とする」と定めて、被害者救済と原子力事業の育成の両立を目的としている。

同法では、電力会社に対して、無過失・無限責任を規定しているが、その背景には、原子炉の運転には、ひとたび事故を起こせば広範囲に深刻な影響を及ぼす危険性を伴っていることがある。

そのため同法は、電力会社に対して原子力損害賠償責任保険への加入等の損害賠償措置を講じることを義務付けているが、それを超える損害が発生した場合には、国が、国会の議決により電力会社に必要な援助を行うことができると定めている。仮に、国会の議決により国の援助が実施されるような事態となれば、本来電力会社が負担すべき損害賠償を国が行うことになり、巨額の国民負担が現実のものとなる可能性も否定できない。

この援助規定は、本来電力会社が負担すべきリスクを国が負担するものにほかならず、国が電力会社の損害賠償リスクを大きく軽減し、国策として電力会社に原子力発電を実行させているということができる。

ケ　国が原発事故の対応コストを負担している

国は、平成一一年九月のＪＣＯウラン加工工場臨界事故を受けて、同年原子力災害特別措置法を定めた。

この原子力災害特別措置法の背後には、ひとたび原子力発電所において甚大な事故が発生すると、その設置主体である電力会社単独では対応することはおよそ不可能であり、国が事故発生時のコストを負担して事故発生時の影響を最小限度に抑えるという目的がある。

⑶国は3・11事故後も原子力政策を改めようとしない

以上見てきたように、国は、本来であれば電力会社が単独で負担すべき原子力発電の高い様々な事業リスクを引き受けて、民間企業たる電力会社を通じて国策として原子力発電を推進してきた。

国の最も重要な役割は、国民の生命を守ることであるが、原子力政策の継続は、国民の生命を危険にさらすことを意味する。3・11事故は、国による原子力政策が失敗した例であるが、国は「安全性を徹底的に検証・確認された原発については、地元自治体との信頼関係を構築することを大前提として、定期検査後の再稼働を進めます」（平成二三年九月一三日第一七八回国会における野田首相の所信表明演説より）として、いわゆるストレステストを実施して原発安全神話を再構築することによって、原子力政策を継続する姿勢を見せている。

⑷小括――国策として原子力推進政策を行った国には原子力発電を中止する義務がある

これまで見てきたように、国の原子力政策は、ある民間事業者が一定の危険な事業をおこなうことを国民生活の安全の観点から消極的・事後的に規制するという政策態度ではない。

国は、原子力発電の導入主体となり、原子力発電の障害となる様々なコストとリスクを電力会社に代わって引き受け、放射性廃棄物や事故対応・損害賠償などの民間企業では負担することのできない困難な問題までも引き受けるなど、他の事業では考えられないほどの手厚い支援策を通じて、原子力発電事業を積極的に推進してきたものであって、第3で述べた原子力発電施設の危険性に照らせば、国自体が、電力会社と共に、国民に対して加害行為を行ってきたと言っても過言ではない。

また、国は、原子力発電の問題点が明らかになった3・11事故以降も、依然として原子力発電を継続する姿勢を崩していない。しかし、3・11事故は、原子力発電は「戦争の惨禍」にも匹敵し得る危険性と隣り合わせであることを示した事故である。

そうすると、国は、これまで積極的に原子力政策を推進してきたことに伴い、同様の事故の発生を防止する観点から、原子力発電を継続することを可能とする全ての諸政策を、速やかに取りやめる法的義務がある。

2　国に対する差止めの法的根拠

(1)原子力発電所の操業については、その法律上の許認可権限は国に属するものであり、被告国は、上記のような危険性を承知の上で、その操業を認めているものである。そればかりか、第1項で論じたように、実体的に見ると、被告国は、様々な政策や法的な保護を施すことで、まさに電力会社を通じて原子力発電所を操業してきたものである。
また、平成二三年五月六日に、当時の経済産業大臣が、中部電力浜岡原子力発電所の稼働停止を要望し、それに従って同原子力発電所の原子炉の稼働が停止されたように、被告国は、原子炉の操業やその停止を事実上決定できる立場にもある。

このように、被告国は、実質的にみて原子力発電施設の運転の停止等を行い得る立場にあることは明らかである。

⑵また、国以外の者が運営する施設の国に対する操業差止め請求という意味では、人格権等に基づき米軍基地における航空機の運航差止めを国に対して求めた訴訟の最高裁判決（最判平成五年二月二五日判例時報一四五六号三二頁）が、「上告人らは、米軍機の運航等に伴う騒音等による被害を主張して人格権、環境権に基づき米軍機の離着陸等の差止めを請求するものであるところ、上告人らの主張する被害を直接に生じさせている者が被上告人ではなく米軍であることはその主張自体から明らかであるから、被上告人に対して右のような差止めを請求することができるためには、被上告人が米軍機の運航等を規制し、制限することのできる立場にあることを要するものというべきである」として、国が、国以外の第三者の行為を法律上規制・制限する権限を有する場合には、その第三者の行為の差止めを国に対して請求することを認めている。

同事件自体については、最高裁は、「本件飛行場に係る被上告人と米軍との法律関係は条約に基づくものであるから、被上告人は、条約ないしこれに基づく国内法令に特段の定めのない限り、米軍の本件飛行場の管理運営の権限を制約し、その活動を制限し得るものではなく、関係条約及び国内法令に右のような特段の定めはない。そうすると、上告人らが米軍機の離着陸等の差止めを請求するのは、被上告人に対してその支配の及ばない第三者の行為の差止めを請求するものというべきであるから、本件米軍機の差止め請求は、その余の点について判断するまでもなく、主張自体失当として棄却を免れない」として、結局、国に米軍機の運航を規制・制限する権限は、条約上も国内法上も存しないとして、住民らの請求を棄却している。

しかし、原子力発電所ないし原子炉について見るに、原子力基本法、核原料物質、核燃料物質及び原子炉の規制に関する法律（以下、「原子炉等規制法」と言う）といった、その稼働や運転等を規制する法律が存するほか、電源開発促進税法、特別会計に関する法律及び発電用施設周辺地域整備法という、原子力発電所の設置を促進し、その運転を円滑に行わせることを目的とする法律も存する。

さらに、原子炉等規制法においては、その第四章において「原子炉の設置、運転に関する規制」を設け、原子炉の設置の許可の条件（二三条ないし二五条）や、設計・工事方法の認可手続（二七条）、使用前検査（二八条）、溶接の検査（二九条）、施設定期検査（三〇条）、保安及び特定核燃料物質の防護のために講ずべき措置（三五条）、保安規定（三七条）、原子炉主任技術者の設置等（四〇条ないし四三条）、核物質防護規定及び管理者（四三条の二、四三条の三）及び原子炉の廃止に伴う措置（四三条の三の二）等、原子炉の設置や運転に関して、詳細な規定を設け、管理運営については強い規制がなされている。

それればかりでなく、同法三三条では、一定の条件を満たした場合には、主務大臣は、原子炉設置の許可を取り消したり、一年以内の期間を定めて原子炉の運転の停止を命じることができると定めており、また、同法三六条一項では、原子炉施設の技術上の基準に適合していない場合等には、主務大臣は、原子炉施設の使用停止等の措置を命じることができるとされているなど、その運転を制限する権限も国に付与されている。

このように、原子炉の運転に関しては、被告国には、その管理運営の権限を制約し、その活動を制限し得る権限が国内法によって与えられており、上記最高裁判例の言うところの差止めの要件を満たしているものである。

3　小括

このように、国は電力会社を介して本件原子力発電施設を操業しており、この行為は被告九州電力と同様に原告らの人格権・生存権を侵害している上、国は本件原子力発電施設の操業を停止し得るべき地位にある。

従って、原告らは、被告国に対して、憲法の保障する原告らの人格権及び生存権に基づき、本件原子力発電施設の操業の差止めを求めることができ、国も、3・11事故発生後については、被告九州電力と同様に、その操業を止めさせる義務を負うに至ったものである。

第6　損害賠償請求

前述のとおり、3・11事故によって、我が国の全土にわたって、放射性物質が飛散する結果になり、本件施設をはじめとする原子力発電施設の危険性もまた明らかになった。

そして、その事故原因がいまだ解明されていないにも関わらず、被告九州電力は原子力発電所を廃止しないまま操業し続け、被告国もその稼働を認めようとしたりするなどするとともに、その稼働への援助をしている。

その結果、原告らの人格権、すなわち生命、身体、健康を維持し、快適な生活を営む権利が侵害され、精神的に多大な苦痛を被っている。そして、この権利の侵害は、本件施設の操業が停止されるまで続いていく。

この人格権の侵害は、原告らに対する不法行為を構成し、被告らは、原告らに対し、連帯して、原告らが蒙った精神的損害について、少なくとも本件施設の操業を止める、ないし止めさせる義務が明確になった3・11事故以降に発生するものについて賠償する義務を負う。

また、この原告らの精神的苦痛を金銭に評価すると、原告一人当たり一か月につき金一万円を下らない。

よって、原告らは、本件の差止め請求の付帯請求として、被告らに対し、平成二三年三月一一日から原子力発電施設の操業差止めが実現するまで原告一名につき一か月あたり各金一万円を支払うよう求めるものである。

第7　まとめ

よって、原告らは、憲法上の人格権及び生存権に基づき、請求の趣旨第一項及び第二項記載のとおり、被告らに対し、本件原子力発電施設の操業の差止めを求めるとともに、その付帯請求として、人格権等侵害に対する損害賠償として、被告らに対して、連帯して、原告らに対し平成二三年三月一一日から原子力発電施設の操業差止めが実現するまで一月あたり各々金一万円を支払うよう求める。

別紙　原子力発電施設

一号機

原子炉形式：加圧水型軽水炉（ＰＷＲ）

運転開始：昭和五〇年一〇月

定格電気出力：五五・九万キロワット

原子炉熱出力：一六五万キロワット

燃料種別・装荷量：低濃縮（約四～五パーセント）二酸化ウラン燃料約四八トン

二号機

原子炉形式：加圧水型軽水炉（ＰＷＲ）

運転開始：昭和五六年三月

定格電気出力：五五・九万キロワット

原子炉熱出力：一六五万キロワット

燃料種別・装荷量：低濃縮（約四～五パーセント）二酸化ウラン燃料約四八トン

三号機

原子炉形式：加圧水型軽水炉（ＰＷＲ）

運転開始：平成六年三月

定格電気出力：一一八・〇万キロワット
原子炉熱出力：三四二万三〇〇〇キロワット
燃料種別・装荷量：低濃縮（約三〜四パーセント）二酸化ウラン燃料およびプルトニウム・ウラン混合酸化物（ＭＯＸ）燃料約八九トン

四号機
原子炉形式：加圧水型軽水炉（ＰＷＲ）
運転開始：平成九年三月
定格電気出力：一一八・〇万キロワット
原子炉熱出力：三四二万三〇〇〇キロワット
燃料種別・装荷量：低濃縮（約三〜四パーセント）二酸化ウラン燃料約八九トン

（参考）http://www.kanshin.com/keyword/3604427

別紙　事故経過

二〇一一年三月一一日
一四時四六分　三陸沖で、マグニチュード９・０の地震が発生

東京電力福島第一原発一号機、二号機、三号機が自動停止
外部電源を失う
一三基の非常用ディーゼル発電機は大津波で一基のみ稼動

一五時四一分　非常用ディーゼル発電機故障停止
東京電力、第一次緊急時態勢を発令
各関係機関に原子力災害対策特別措置法第一〇条に基づく通報

一五時四五分　オイルタンクが大津波によって流出

一六時三六分　一号機と二号機は非常用炉心冷却装置（ECCS）による注水が不可能になる

一六時四〇分　一号機炉心露出開始（地震発生後約二時間）

一六時四五分　東京電力、同法第一五条に基づく通報

一八時頃　一号機の圧力容器破損（地震発生後三時間）

一九時〇三分　枝野幸男官房長官が原子力緊急事態宣言の発令を記者会見

二〇時五〇分　福島県対策本部から一号機の半径二㎞の住民一

図１　爆発前の東京電力福島第１原発

二一時二三分　八六四人に避難指示
菅直人内閣総理大臣、一号機の半径三km以内の住民に避難命令、半径三kmから一〇km圏内の住民に対し屋内待機の指示

三月一二日
一四時ごろ
原子力安全・保安院は一号機周辺でセシウムが検出、核燃料の一部が溶け出た可能性があると発表
内部の圧力が上がった一号機の弁を人力で開放に成功
同作業員は吐き気やだるさを訴え病院に搬送される
一五時三六分　一号機で爆発が発生（図2、図3）
一八時頃　同日午後三時過ぎに東京を発って第一原発に向かっていた、放射線対策などが専門のハイパーレスキュー隊八隊二八人が午後六時、引き返し始めた。爆発によって当初の原子炉の冷却という任務が変更されたことや、危険な状況になったため

図2　横から見た爆発後の１号機

図3　真上からみた爆発後

一九時五五分　一号機の海水注入について内閣総理大臣が指示
二一時ごろ　枝野官房長官の記者会見で水素爆発と発表
二〇時二〇分　一号機への海水注入が開始
二二時一五分　発生した地震により一時中断

三月一三日
一時二三分　中断されていた海水の注入作業を再開
二時四四分　三号機で冷却装置が停止
四時一五分　三号機燃料棒が露出し始める
五時一〇分　東京電力、原子力災害対策特別措置法一五条に基づく通報
八時四一分　三号機の格納容器内の弁を開けることに成功
八時五六分　放射線量が再び上昇し、制限値の〇・五ミリシーベルト／時を超える
東京電力、特別措置法に基づく「緊急事態」を国に通報
福島県、被曝者は計二二人を確認と発表
記者会見。枝野官房長官は、一号機の圧力容器は海水で満たされていると判断と発表
九時〇五分　三号機の安全弁を開く。原子炉圧力容器内部の圧力が低下
九時〇八分　三号機に真水の注入を開始
九時二〇分　三号機の格納容器の排気を開始

一二時五五分　三号機の燃料棒の上部一・九メートルが冷却水
から露出
一三時一二分　三号機の原子炉に海水の注入を始める
一三時五二分　周辺でこれまでで最も多い一・五五七五ミリ
シーベルト／時を観測
一四時四二分　〇・一八四一ミリシーベルト／時に低下
記者会見での枝野官房長官発言「爆発的なことが万一生じても、
避難している周辺の皆さんに影響を及ぼす状況は生じない」

三月一四日

一一時〇一分　三号機の建屋が爆発（図4、図5、図6）
作業員および自衛隊員あわせて一一人が負傷
記者会見での枝野官房長官発言「原子炉格納容器の堅牢性は確保されており、放射性物質が大量に飛散している可能性は低い」
一三時二五分　それまで安定していた二号機も冷却機能を消失
その後海水注入を開始
一八時頃　二号機の炉心露出開始（地震発生後七五時間）
一九時四五分　二号機の冷却水が大幅に減少し、燃料棒がすべ

図4

て露出

一九時五〇分　二号機炉心損傷開始（地震発生後七七時間）

二〇時ごろ　再び海水注入を開始し、次第に水位は回復

二一時三七分　福島第一原発の正門付近で三・一三〇ミリシーベルト／時を観測

二二時〇七分　福島第一原発の一〇km南で、九・六マイクロシーベルト／時を観測

二二時五〇分　第二号機圧力容器破損

図5　爆発後の3号機　海側から

図6　上空から

三月一五日
六時ごろ　　　四号機で爆発音（図7、図8、図9）
六時一〇分　　二号機の建屋で爆発
九時三〇分　　四号機建屋の四階部分より出火
一一時ごろ　　自然鎮火、出火の原因は不明
厚生労働省、福島第一原発に限り、緊急作業に従事する労働者の放射線量の限度を引き上げ
放射線量は一度安定化したものの、夜になり再度強まる
一一時五九分　国土交通省、福島第一原発の半径三〇㎞以

図7　爆発後の4号機　海側から

図8　上空から

図9　平成23年11月10日に公開された4号機原子炉建屋5階の衝撃的な映像（床面の盛り上がり）＝東京電力提供

内の上空を高度にかかわらず飛行禁止に

三月一六日
五時四五分　四号機で再び出火
六時一五分　火は見えなくなったが、鎮火したかどうかは不明
八時三七分　三号機で白煙が上がる（水蒸気が出たと推測されている）
一〇時以降　計測される放射線量が上昇。記者会見で原子力安全・保安院は「原因は圧力抑制室が破損した二号機の可能性が高い」と説明
二一時発表　福島県災害対策本部「大きく放射能が検出された地域はなかった」

以降の経過
三月一九日
　二号機で外部送電線から予備電源変電設備までの受電完了
三月二〇日

図10　爆発後の東京電力電第１原発
右から１号機～４号機

三号機で原子炉内部温度が三百数十度（通常運転時は二八〇度～二九〇度）になり炉内温度上昇
三号機へハイパーレスキューが連続放水
三月二一日
一～四号機の放水口付近の海水サンプリングで放射性物質検出
三月二二日
一号機で圧力容器が四〇〇度以上に上昇
三月二四日
三号機タービン大物搬入口から地下エリアで溜まり水に浸かって作業していた作業員が大量被曝
三号機タービン建屋地下でたまり水から二〇〇ミリシーベルト／時（水深三～五㎝）
三月二五日
一号機南放水口の海水から炉規制告示濃度限度の一二五〇倍のヨウ素１３１検出
三月二六日
一号機南放水口付近から炉規制告示濃度限度の一八五〇倍のヨウ素１３１検出
三月二七日
二号機タービン地下溜まり水から一〇〇〇ミリシーベルト／時超の放射線検知
一～三号機タービンのトレンチ立て坑に水溜まり確認
三月二八日
敷地内五地点で二一日と二二日に採取した土壌分析の結果、プルトニウム２３８、２３９、２４０

を検出。五地点のうち二か所は事故由来の可能性と発表
二号機のタービン地下一階で、通常の原子炉水の十万倍の放射能濃度の水が存在。格納容器の水が何らかの経路で流出と推定
三月二九日
南放水口で二九日午後に採取の海水から基準の三三五五倍の放射性ヨウ素131検出
格納容器の下に穴があいているようなイメージであることを東京電力認める
三月三一日
一号機地下水から通常の約一万倍のヨウ素131検出
四月二日
二号機、取水口付近の電源ケーブルピット内に一〇〇〇ミリシーベルト／時の溜まり水確認。ピット脇の亀裂から海に流出
四月三日
二号機取水口ピットからの流出
四月四日
集中廃棄物処理施設内の低レベル溶留水の放水口南側海域への放出（総放出量約一万トン）
また、五、六号機サブドレンピットにある低レベル地下水を放水口経由で海へ放出開始
四月一二日
原子力安全・保安院、一～三号機をＩＮＥＳレベル７と評価

四月一八日
原子力安全・保安院、一～三号機について、燃料ペレット被覆管の破壊（炉心損傷）、さらに燃料ペレット溶融も起こっているとはじめて認める。ただし、同時に、溶けた燃料が圧力容器の底に溜まっているような状況には至っておらず、冷却のために圧力容器内にある水の水面付近に固まっているのではないかとし、また、再臨界の可能性も極めて低いとした事故収束に向けた行程表を発表

五月一二日
一号機原子炉水位燃料域Aでダウンスケールを確認
東京電力は、これまで「核燃料の一部損傷」と発表していた一号機の状態が、実際は核燃料のメルトダウン（炉心溶融）であると発表
東京電力、炉心状態の解析結果発表。二号機及び三号機「炉心は一部溶解したものの燃料域にとどまり原子炉圧力容器の損傷には至っていない。ただし、実際の水位がより低い状態を想定した場合は原子炉圧力容器の損傷に至るとの解析結果となる」

五月一六日
東京電力は、事故後の福島第一原発の運転日誌とグラフなどのデータを分析した結果、二号機、三号機も、原子炉内の核燃料が完全に溶け、圧力容器の底に積もるメルトダウン（炉心溶融）と発表

六月七日
政府の原子力災害対策本部は、国際原子力機関（ＩＡＥＡ）に提出する事故報告書をまとめ、発表。一～三号機の一部で原子炉圧力容器の底に開いた穴から核燃料が格納容器に落下して堆積する「メ

ルトスルー（溶融貫通）」が起きている可能性を指摘

「圧力容器の鉄鋼の厚さは、十数cmもあります。一方の格納容器の厚さは、二〜三cmしかありません。また圧力容器は七〇気圧にも耐えられるように設計されていますが、格納容器の設定は四気圧です。もし圧力容器を溶かすほどの核燃料が漏れ出たら、格納容器はひとたまりもない。ましてや原子炉建屋地下のコンクリート壁などは単なる覆いであって、超高温の溶融体を防ぐことはできないのです。そもそも圧力容器も格納容器も、炉心溶融することを前提に作られていません。すでに設計上、破綻しています。ですからメルトダウンして何の対策も採らなければ、溶融体が圧力容器から格納容器を突き抜け、原子炉建屋地下の床に溶け出てしまうのは時間の問題なのです」（元東芝の原子炉格納容器の設計技術者だった後藤政志氏）

Ⅱ

九州電力の原発と住民の声

川内原発

玄海原発とは？

「原発なくそう！九州玄海訴訟」弁護団幹事長　東島浩幸

玄海原発の概略

九州電力玄海原発は、佐賀県東松浦郡玄海町に位置する。同原発は、唐津市中心部から約一三キロメートル、県庁所在地・佐賀市から約五〇キロメートル、九州第一の大都市福岡市から約五〇～六〇キロメートルの位置にある。福島第一原発事故でいえば、飯館村が五〇キロメートル、福島市で六〇キロメートルであり、同程度の事故が起きれば、風向き次第で福岡市なども含めて避難が必要となる（地図参照）。

玄海原発は加圧水型原子炉を有し、電気出力は、一号機から四号機の順に、五五・九万キロワット、五五・九万キロワット、一一八万キロワット、一一八万キロワットである。また稼働開始は、一号機から四号機の順に、一九七五年一〇月、一九八一年三月、一九九四年三月、一九九七年七月である。一号機は稼働から三六年を、二号機は三〇年を経過し、老朽化が懸念されている。

また、三号機は二〇〇九年から国内初のプルサーマル発電（使用済み核燃料を再処理して使う発電）も開始された。プルサーマル導入の是非については住民投票運動が盛り上がり、二〇〇六年下旬に二カ月間で県内で五万三〇〇〇人の署名が集まった。しかし、佐賀県知事は、県民投票の必要性は見出すことはできないとコメントし、翌年一月に県議会は県民投票導入を否決した。

３・11の福島第一原発事故によって、原発の「安全神話」が崩壊し、定期点検中の原発の再稼働が難しくなってきた。３・11事故時に玄海原発では二号機・三号機が定期点検中だったところ、政府などは、原発再稼働に前のめりな知事と地元町長を擁する玄海原発を３・11事故後の原発再稼働の突破口にしようとしていた。しかしながら、二〇一一年六月の国主催の説明会をめぐっての九州電力による「やらせメール」事件の発覚、それに対する知事の関与問題、新たなストレステスト問題などで、再稼働できない状態が続いている。その上、玄海原発一号機及び四号機も二〇一一年一二月に相次いで定期点検に入り、玄海原発では稼働している原子炉はゼロとなっている（二〇一二年一月現在）。

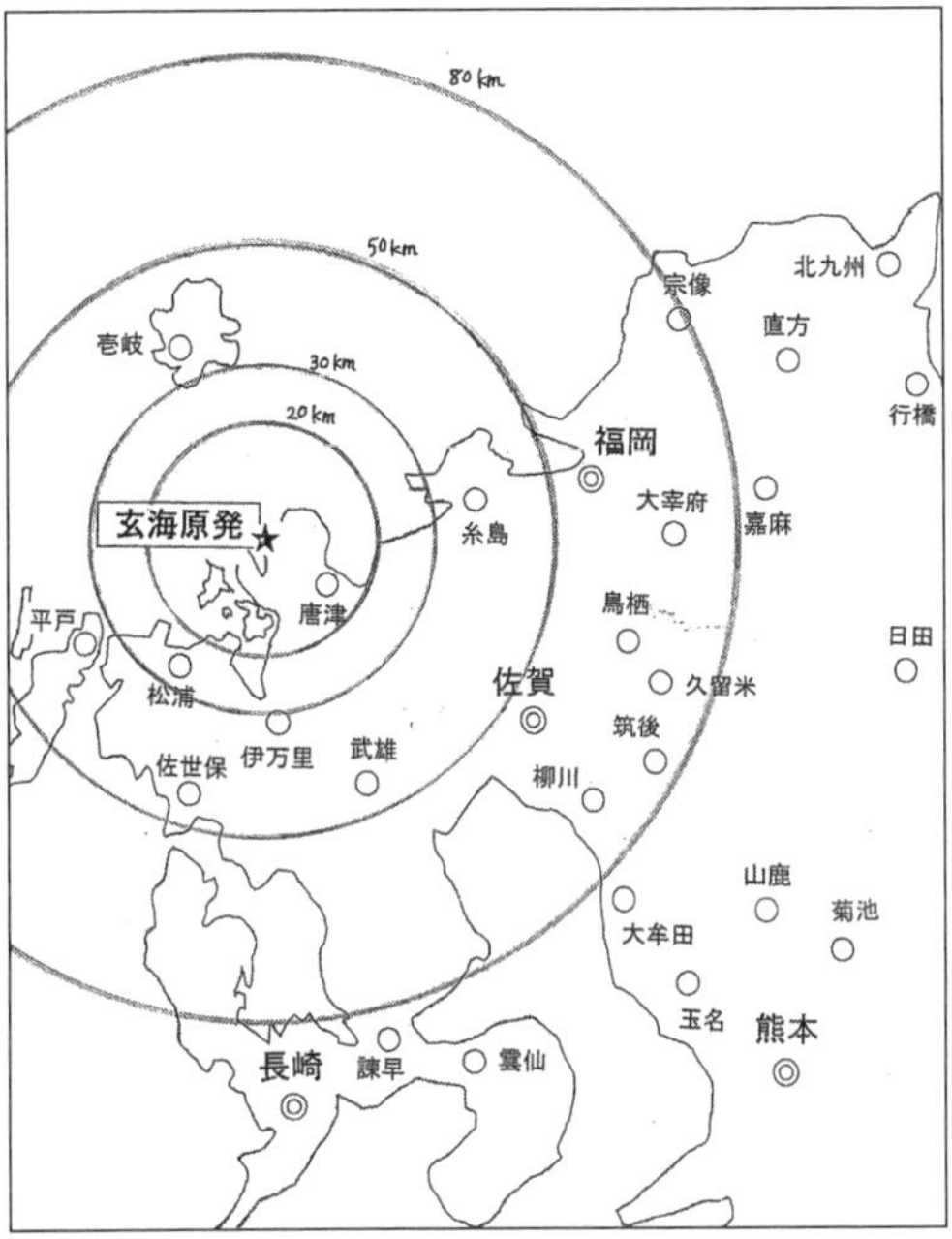

玄海町への原発誘致

玄海町への原発建設は、一九六五年の新聞報道で浮上した。玄海町がターゲットになったのは他に産業がなかったからである。原野が多く畑で根菜類が成育され生産性が低く、働き手の出稼ぎも多かった。一九六五年から六六年にかけて玄海町などが自治体を挙げて誘致活動を行い、一九六八年に玄海原発建設が決まり、一九七〇年に一号機の設置許可が下りた。

一九七〇年代になると、原発反対運動が大きく行われるようになった。さらに、一九八〇年代の三、四号機建設計画の時には、玄海町内でも農業関係者を中心に反対運動が盛り上がり、町長リコール運動まで発展した。しかし、その署名が相当数集まった。

無視できないトラブル

玄海原発では、今まで「住民避難」に及ぶ事故は幸いにしてない。それは、福島第一原発でも3・11以前は同様である。

また玄海原発では、二〇〇九年末までに三八回の事故があり、そのうち、蒸気発生器の細管損傷事故が一四回ある。さらに、原子炉の運転停止に及ぶ事故だけでもすでに一二回ある。

その最初は一号機稼働開始から間もない一九七五年六月に、一号機の蒸気発生器細管から放射能もれの事故が起こり、原子炉が自動停止したことだ。原因は作業員による蒸気発生器内への巻尺の置き忘れという初歩的ヒューマンエラーである。この事故が住民に知らされたのは、発生二日後であった。

地震・老朽化・プルサーマル

九州北部は長い間「地震空白域」と考えられてきたが、二〇〇五年にはＭ７の福岡西方沖地震が起こった。それまでせいぜい震度４しか起きていなかった北部九州で突如震度６弱が発生したのである。このときは玄海原発では震度４しか記録されず、直接的な被害が及ぶことはなかった。

しかし、福岡西方沖地震での警固断層だけでなく、玄海原発の近傍にも竹古場断層、名古屋断層などもあり、地震空白域とは言い切れない。わが国が地震活発活動期に入ったことにもかんがみれば、なおさらである。

さらに、一号機、二号機の老朽化が懸念されている。玄海原発で最も恐れられているのは、一号機の脆性遷移温度問題である。原子炉圧力容器は中性子を浴び続けることによって脆くなり（中性子照射脆化）、ある温度以下になると鉄が脆くなる（割れる）現象が起きる。その現象が起きる温度を脆性遷移温度という。二〇〇九年の一号機の検査では脆性遷移温度が九八度まで上昇していたことが判明し、冷却水での緊急冷却が必要な場合などに原子炉圧力容器が割れる危険が指摘されている。

また、プルサーマルの運転は、安全余裕を切り詰めて運転しており、安全性の点から問題である。

川内原発の概略

反原発・かごしまネット事務局長　向原祥隆

川内原発は、人口一〇万人を擁する鹿児島県第四の都市、薩摩川内市の中心部から西に一〇キロ、川内川河口の久見崎町に位置する。一号機と二号機の二基が稼働し、出力はそれぞれ八九万キロワット。原子炉形式は佐賀県の玄海原発と同様、加圧水型軽水炉である。

営業運転の開始は一号機が一九八四年、二号機が一九八五年である。稼働からやがて三〇年を迎えようとしており、老朽化が懸念される。さらに世界最大級一五九万キロワットの三号機増設が計画され、二〇一〇年には岩切秀雄薩摩川内市長、伊藤祐一郎鹿児島県知事がともに受け入れを表明した。ちなみに、福島第一原発事故の影響で増設計画は凍結されている。

全国の原発立地点と同様、川内原発も様々な問題をはらみつつ現在に至っている。そもそも、なぜ川内に原発が建設されたのか、これまで問題はなかったのか、川内原発のこれまでを概観する。

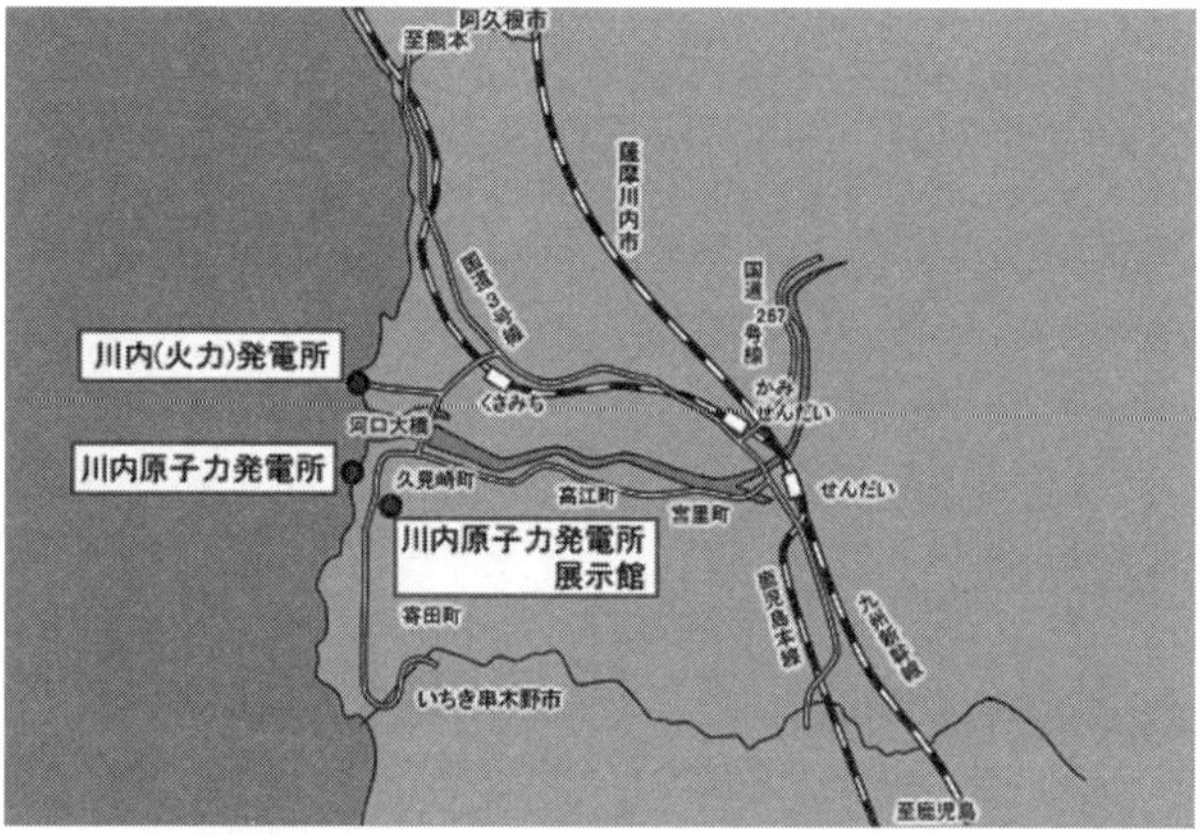

佐賀県玄海町と誘致合戦

川内地方は、九州第二の大河川である川内川が広大な沖積平野を形成し、流域から集めた栄養分を海に流しこんできた。このため、肥沃な大地と河口沿岸を中心に好漁場が広がり、長く農漁業の好適地であった。街道と川内川の交差するあたりには市街地が形成され、鹿児島の西の拠点都市としてその名を誇っていた。歴史に目を転ずれば、古来、天平年間に薩摩国分寺が置かれた由緒ある地である。

しかし、時代が高度経済成長期に突入するや、全国の農漁村がそうであったように、川内の農漁村は手っ取り早い現金収入のために出稼ぎの村と化していた。

川内に原発話が持ち上がったのは、一九六四年のこと。通産省が、立地予備調査地二〇カ所の一つとして、川内の久見崎町と寄田町を指定したのである。川内市議会はすぐさま全会一致で誘致陳情を採択し、県議会も続く。こうした積極姿勢を九州電力が評価したのか、九州の候補地は佐賀県の玄海と川内に絞られ、一九六七年には、この二カ所で本調査が始まった。しかし、一九六八年、誘致合戦は玄海に軍配が上がった。

当時を知る橋爪健郎（元鹿児島大学理学部助教）氏は、川内が負

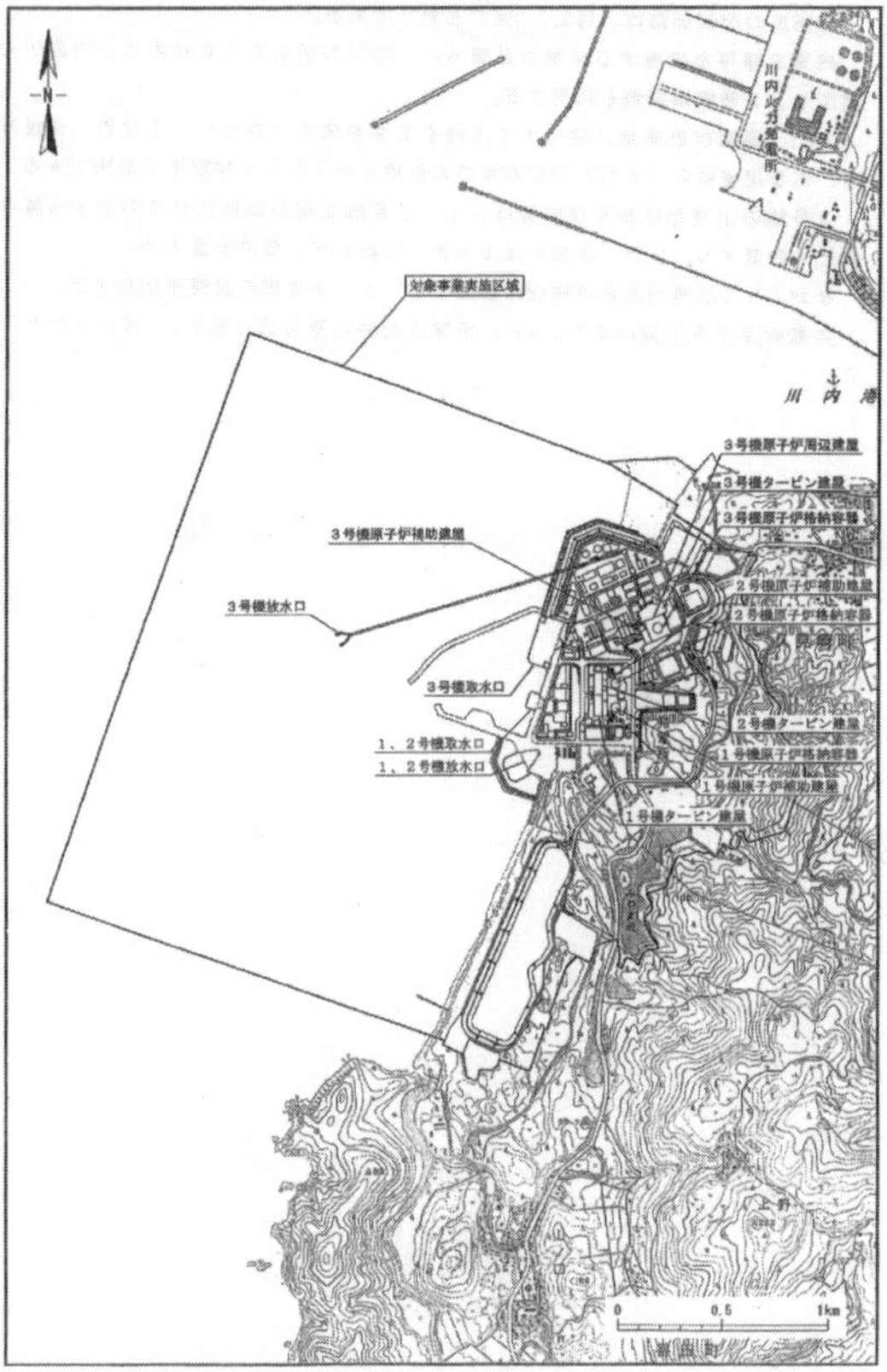

発電所の配置計画

けた理由について「川内の地盤が悪いからというものだった」と証言する。

ボーリングコア差し替え事件

一九七〇年、九州電力は川内にも原発建設の申し入れを行う。誘致合戦のときと違って、今回は徐々に原発の危険性が認識され始めており、反対運動も活発に展開された。先に、誘致合戦の際「劣悪な地盤」によって玄海に負けたと述べたが、一九七五年には、それを裏付けるように「ボーリングコア差し替え事件」が発覚する。

地質調査の際、岩盤に穴を開け（ボーリング）、地質のサンプル（コア）を採取する。川内原発

川内原発に隣接した海水浴場は閉鎖されたまま

の予定地では、採取したサンプルがぼろぼろでとても評価に耐えられないとして、比較的しっかりしたコアと差し替えたというものである。国会で作業員が証言し、全国に知られることになる。一年以上にも及ぶすったもんだの末に、原子炉安全専門審査会が出した結論は「ボーリング試料の捏造、差し替えは六、七本について行われた疑いがあるが、うち炉心部に関わる二本については、追加ボーリングによって地盤に支障のないことが分かった」というものであった。現在ならとても許される話ではない。このようなことがまかり通っていたのである。

消えた地震データ

営業運転を開始してからも、川内原発は数々の事故を起こしてきた。そして何回も九州電力の対応には首をかしげざるを得ない場面があった。特筆すべきは一九九七年の鹿児島県北西部地震である。

川内で震度5強、6弱を記録する地震が、四八日の間隔をあけて二回連続して起きた。川内市の商店街では大型スーパーの天井が落ち、商品は飛び散った。ガス管が破れ、炎が上がった。

原発のある久見崎町では、川内川の堤防が一四〇メートルにわたって崩れ落ちるほどの揺れであった。そうであるにも関わらず、二度とも川内原発は停止することなく稼働を続けた。

様々な団体が停止して点検することを求め、九州電力が原発に設置している観測装置二六カ所の地震データの公開を求めたが、九州電力は無視し続けた。最終的に鹿児島県が文書で地震データの公開を求めるに至って、九州電力は公開を表明せざるを得なくなった。ところが、公開すると言った翌々日に、二六カ所のうち一五カ所のデータが記録されていないと言い始めた。揺れの大きい上部のデータほど、見事に欠落していたのである。この件は、ものの見事に九州電力の企業体質を表している。だが、それ以上に、大きな揺れによって無数に配置されているパイプや様々な機器がダメージを受けたと見なければならない。

川内原発も、右に述べたいくつかのエピソードに接すれば、決して安全な原発などではないことを理解いただけるだろう。

「原発なくそう!」の声

▼原発政策は砂上の楼閣

「原発なくそう!九州玄海訴訟」呼びかけ人　前佐賀大学学長　長谷川　照

3・11の東日本大震災から一〇カ月を経て、福島原発事故による被害は収束するどころか、ますます広がる様相を見せています。①土壌、海洋の放射汚染の実態が各地で指摘され始めました。食物や飲料水を通して放射線源を体内へ蓄積し、数十年にわたる内部被曝を引き起こす恐れが予想されます。②東京電力は、原子炉内で溶け落ちた核燃料が一号機では全量が圧力容器を突き抜けて格納容器に落下、燃料は一五〇〇度以上になり、コンクリートと反応し、最大六五センチメートル浸食していると推定しています。

政府の事故調査・検証委員会を始め、東京電力の調査委員会、学者ら有志による事故独立検証委員会、原子力学会の原子力安全調査専門委員会など、福島原発事故の原因に関する報告が昨年一二月末から今年三月にかけて集中的に公表されます。一二月二日に発表された東京電力の中間報告は、事故は「想定外」であったとし、国策を遂行する民間企業の存続を最優先するものと推測されます。政府の事故調査・検証委員会の報告は、核燃料を多様なエネルギー源の一つとして、原発の再稼働を認め、エネルギー政策を最優先する気配を感じさせます。

福島原発事故は、苛酷な事故として世界に与えた影響の大きさを考えれば、その原因の調査・検証は、原子力基本法（一九五五年一二月一九日制定）に照らして実施すべきものです。基本法は「原子力の研究および利用を、平和の目的に限り、安全の確保を旨として、民主的な運営の下に、自主的に行うものとし、その成果を公開し、進んで国際協力に資することを、基本方針としている」と述べ、原子力の利用に際して安全性を最優先することを謳っています。

原発なくそう！九州玄海訴訟の場で、原子力基本法に背を向けた安全神話とその上に築かれた国策民営の手法は砂上の楼閣であることを証明しましょう。

▼原発のある町に生きて思う今

佐賀県玄海町在住の主婦　新　雅子さん

佐賀県の原発立地々玄海町に嫁いで五五年になります。その半世紀の歴史は重く語りつくせないものがあります。その中で、昨年ほど人生を思い煩う時間が多かった年はなかったように思うのです。青春時代を過ごした岩手の大地震、小学校四、五年生を過ごした福島県。二つとも第二、第三のふるさとです。特に福島県は一昨年の日本母親大会で訪れ、三十数年ぶりの竹馬の友と再開、共に老い姿を笑いあったものです。それがどうでしょう。３・11の悲劇は、あれから私の脳裏から離れることのない月日となりました。特に福島原発の災害のあり様は、原発立地々であれば、他人ごとではないことの現実を突きつけられました。

今、私は原発廃炉のために立ち上がっていくことこそ半世紀の生きざまの集大成だと思っています。

▼みなさんと一緒に闘っていきたい

福島市から佐賀県に避難された　木村雄一さん

二〇一一年六月、家族三人で福島市から佐賀県に自主避難しました。原発の事故は、すべての産業も故郷も人生までも破壊します。佐賀の玄海原発も福島と同じく老朽化しており心配です。

政府が決めた避難地域以外は補償の対象にならないと言い張る加害者東京電力。加害者が一方的に何でも決めていることに割り切れない気持ちです。仕事を失い、新しく人生をやり直さなければならない原因はどこにあるのか、政府も東京電力も真剣に考えてほしいと思います。

個人で立ち向かうにはあまりにも大きな問題です。佐賀県のみなさま、弁護士のみなさまと一緒になって政府や電力会社と闘っていければと願っております。よろしくお願いします。

▼原発のない未来へ向けて行動を

福島県から福岡県に避難された　宇野朗子さん

「ふるさとを核のゴミ捨て場にしないで!」「ふるさとを核の汚染まみれにしないで!」「ふるさとを第二のチェルノブイリにしないで!」これは、私たちが去年福島県庁前で毎日アピールをしたときに掲げていた横断幕の言葉です。

三月一一日、ついにおそれていた原発の大事故が起こってしまいました。その日、緊急避難をしてそのまま帰れぬ状態となり、はや九か月が経とうとしています。今、避難区域外からの避難者への賠償問題が議論されていますが、正当な賠償には程遠い現実、そして何よりも賠償など不可能なくらい大きく深く私たちは痛手をうけたのだという現実を見せつけられています。私たちの故郷が3・11前に戻ることはありません。海も川も湖も、山も森も、田畑も、道も街も公園も、牛も猫も犬も鳥も虫も、人々のきずなもすべてが変えられてしまいました。多くのいのちが失われました。これからも失われていくでしょう。いのちを守るためにできることをみな必死に探しています。

娘とふたり避難してきたここ九州で、私は再び「3・11前夜」に直面しています。九州の人々の不安の声、福島の私たちの嘆きと悲しみに耳を傾けることなく、人々のいのちが軽視され、今なお原発が進められようとしていることに、深い怒りを感じます。

フクシマの犠牲から、私たちが何を学び何を実現するのか。私たちは無力ではありません。つながりあい声をあげることで、原発を止め、フクシマの再来を食い止めることができます。

「3・11前夜」は、希望ある「〈脱原発社会〉前夜」でもある……原発のない未来へ向けて、限界なくつながり、行動し続けましょう。

あとがき

「原発なくそう！九州玄海訴訟」弁護団幹事長　東島浩幸

去る二〇一二年一月三一日、佐賀地方裁判所に一七〇四人の原告が玄海原発の差止めを求めて裁判を起こしました（原告団長・長谷川照・前佐賀大学長・原子核理論）。

東電福島第一原発事故の被害は、避難による生活・人生根こそぎの破壊、地域破壊などすでに甚大です。さらに放射能健康障害については今後大きく出てくるでしょう。チェルノブイリ事故では周辺諸国で子どもの甲状腺ガンが数千人発生し、その発病のピークは事故から九年後でした。

放射能による健康障害のリスクは、「子どもは大人の一〇倍」と言われています。最も深刻な当事者である子どもたちは、過酷事故を起こした原子力発電を選んだわけでもないのに高いリスクだけを負うのです。

「大人たちはこんな危険な原発をなぜ認めて来たのか！」という子どもたちからの問いかけに対して、私たち大人が責任をもった意思表明と行動を取らなければならない時に来ています。少なくとも、「フクシマが起こってしまった後においても安全だと思っていた」という言い訳は言えません。

「フクシマを繰り返さない」――このために国の原子力政策を転換させ、すべての原発をなくす。

その具体的行動として「原発なくそう！九州玄海訴訟」に参加してくださるようお願い申し上げます。なお、同時並行で、「原発なくそう！九州川内訴訟」も提訴を準備中です。鹿児島県、宮崎県、熊本県の方は是非とも御参加下さい。お願いします。

九州は、上空をジェット気流（偏西風）が高速で東に流れています。玄海や川内原発の被害が九州で止まるものではありません。甚大な被害が日本全土に及ぶ可能性があります。

私たち弁護団・原告団は「一万人原告」を目標にしています。

原告になろうと思う方、支援したいと考える方は、左記にご連絡ください。原告団への参加費用は最初の五〇〇〇円のみです。原告である人もない人も、「玄海原発訴訟を支える会」への入会をしていただけたら幸いです（正会員＝年会費三〇〇〇円、維持会員＝年会費一万円）。同じように、「川内原発訴訟を支える会」も立ちあがった際には御入会をお願いします。

本書の川内原発の概要関係は向原祥隆さんの手によるものです。本書の訴状は弁護団訴状班はもちろんですが、弁護団に参加した弁護士たちの討議の成果です。なお、北岡秀郎さんに編集に関与して頂きました。併せて感謝申し上げます。

【連絡先】
佐賀中央法律事務所
佐賀市中央本町一番一〇号　ニュー寺元ビル三階
電話：〇九五二―二五―三一二一　ＦＡＸ：〇九五二―二五―三一二三

弁護士法人奔流法律事務所朝倉オフィス
　福岡県朝倉市甘木一一九三―一
　電話：〇九四六―二三―九九三三　ＦＡＸ：〇九四六―二一―五一〇〇
熊谷悟郎法律事務所
　長崎市古川町八―一五　磨屋町ビル二階
　電話：〇九五―八二二―五七九五　ＦＡＸ：〇九五―八二二―五九二一
城崎法律事務所
　大分市城崎町二―一―五　城崎司法ビル三〇一
　電話：〇九七―五三七―三〇九二　ＦＡＸ：〇九七―五三七―三〇九四
熊本中央法律事務所
　熊本市京町二―一二―四三　岡村ビル二階
　電話：〇九六―三二二―二五一五　ＦＡＸ：〇九六―三二二―二五七三
弁護士法人白鳥法律事務所
　鹿児島市金生町二―一五　ＭＢＣ開発金生ビル七階
　電話：〇九九―二二七―二六五五　ＦＡＸ：〇九九―二二三―〇二五四
宮崎中央法律事務所
　宮崎市旭一―三―二〇
　電話：〇九八五―二四―八八二〇　ＦＡＸ：〇九八五―二二―二九三七

編著者　原発なくそう！九州玄海訴訟弁護団
原発なくそう！九州川内訴訟弁護団（準）

九州玄海訴訟
連絡先
〒840-0825
佐賀県佐賀市中央本町1-10 ニュー寺元ビル3階
佐賀中央法律事務所
TEL 0952（25）3121
FAX 0952（25）3123

九州川内訴訟
連絡先
〒892-0828
鹿児島県鹿児島市金生町2-15 MBC開発金生ビル7階
弁護士法人白鳥法律事務所
TEL 099（227）2655
FAX 099（223）0254

原発を廃炉に！——九州原発差止め訴訟

2012年2月10日　初版第1刷発行
2012年3月9日　初版第2刷発行

編著者 —— 原発なくそう！九州玄海訴訟弁護団
原発なくそう！九州川内訴訟弁護団（準）
発行者 —— 平田　勝
発行 —— 花伝社
発売 —— 共栄書房
〒101-0065　東京都千代田区西神田2-5-11 出版輸送ビル2F
電話　03-3263-3813
FAX　03-3239-8272
E-mail　kadensha@muf.biglobe.ne.jp
URL　http://kadensha.net
振替 —— 00140-6-59661
装幀 —— 佐々木正見
印刷・製本 — シナノ印刷株式会社

ISBN978-4-7634-0627-9 C0036